抚顺市(五区)耕地地力评价

曾范啟　主编

U0369235

中国农业出版社

《抚顺市（五区）耕地地力评价》编委会

主　编　曾范啟

副主编　王立新　裴久渤　明　亮

编　者　（按姓名笔画排序）

马玉富　王　伟　王　英　王　钦

王向荣　孔祥杰　左　驰　付　坤

代　勇　刘　莹　刘　涛　祁琨杰

杜　辉　李　丽　李　颖　何　强

张立新　林　峰　罗秋曼　金　华

郑晓宁　赵立国　战俊平　段敬东

姜　燕　夏　华　夏　君　郭　卜

康　恕　韩　妍

　　抚顺市（五区）耕地地力调查与评价工作到 2012
年 12 月全面结束。这次耕地地力调查与评价工作是在
辽宁省、抚顺市各级政府的正确领导下，在辽宁省土壤
肥料工作总站、抚顺市农业技术推广中心及相关部门的
直接组织、部署以及沈阳农业大学土地与环境学院的大
力支持下完成的。

　　辽宁省耕地地力调查工作从 2007 年开始，由省土
壤肥料工作总站统一领导，抚顺市作为第四批试点区积
极参与其中。为了加强耕地地力调查工作的领导，抚顺
市成立了专门领导小组。工作中坚持领导、技术专业
队、群众三结合的方法，技术专业队每到一处，都受到
广大基层干部、农民的欢迎和支持。

　　这次耕地地力调查与评价目的主要是为了摸清抚顺
市（五区）耕地肥力状况，并按照统一的标准对全区耕
地地力进行综合评价和分级，以充分掌握耕地的总体状
况，为土壤资源合理利用，土壤配方施肥，搞好农田基
本建设和提高科学种田水平提供依据，为实现土肥信息
化提供基础。

　　抚顺市农业技术推广中心在野外调查工作中，采集

了大量样品，在辽宁省土壤肥料工作总站统一安排下，对所有采样点进行化验分析，并对农户进行综合调研，用于本次耕地地力评价的样点数为 4 338 个；通过专家打分确定耕地地力评价指标和权重，根据耕地地力综合指数进行分级；绘制了采样点点位图、地力评价等级图、有机质分级图、碱解氮分级图、有效磷分级图、速效钾分级图，构建了耕地地力评价数据库管理系统。

这次调查实行了边调查、边注意成果应用的方针，同时还为各乡镇（街道）培训了土肥技术员。在调查与评价期间，调查专业队，不仅是一支耕地地力调查专业队，而且是一支活跃在农村的流动科技咨询处，是一支流动的科技宣传队和农业技术培训班，在生产中他们对农民提出的技术问题解答在田间地头，深受农民欢迎。

《抚顺市（五区）耕地地力评价》的编写是集体劳动的成果，参加编写的人员有抚顺市农业技术推广中心的王立新、曾范启、左驰、代勇等，沈阳农业大学的汪景宽、李双异、孙继光老师和研究生王亮、翟晓庆等。初稿完成后，经辽宁省土壤肥料工作总站邢岩站长和李金凤副站长等有关同志审阅，并提出了很多宝贵意见。

由于缺乏经验，加之编者水平有限，书中的缺点错误在所难免，欢迎批评指正。

抚顺市农业技术推广中心土壤肥料站

2015 年 12 月

目 录

前言

目　录

第一章

基本概况

第一节 地理位置及行政区划

一、地理位置

研究区位于辽宁省东部，东及东南与抚顺县、新宾县、清原县接壤，西距省会沈阳市 45km，北与铁岭毗邻。距沈阳桃仙国际机场 40km，有高速公路和铁路相连，交通十分便利。地处东经 $123°39'\sim124°24'$、北纬 $41°36'\sim42°4'$，总面积 1 322.25km^2。

二、行政区划

抚顺市五区包括：东洲区（兰山乡、碾盘乡、哈达镇、章党经济区）、顺城区（会元乡、河北乡、前甸镇）、开发区（高湾经济区、拉古经济区、沈东经济区）、望花区（塔峪镇、工农街道、演武街道）、新抚区（千金乡、榆林街道）。共辖 3 个街道、4 个经济区、8 个乡镇。

图1-1 抚顺市（五区）位置及乡镇分布

第二节 自然概况

全区地处中温带，属东亚大陆季风气候，四季分明，夏热多雨，冬寒漫长，温差较大。

一、地质、地貌

全区境内平均海拔80m，抚顺大地构造为华北台地，辽东台背斜之西部为吕梁运动的基本单元，太古界变质岩系构成古老的结晶基底，其他由古生代、新生代的沉积岩、火成岩和变质岩组成。到了新生代第三纪初期，抚顺城市区域和地段的火山活动相对地稳定下来，形成一片浅水沼泽，经过生物化学作用便形成了泥炭，这样就逐渐变成了抚顺地区的煤炭。煤田地质属于新生代第三纪，最下部基底为远古代花岗片麻岩系，往上属中生代白垩系为紫色页岩及沙页岩层，厚度为100m以上，再往上为含煤层，分别为无烟煤、含煤层，凝灰岩，玄武岩，沙砾岩层、煤层、油页岩层、绿页岩及表土层，最上部属新生代第四纪冲积层。

本区属华北台背斜区，浑河大断裂为全国著名的"郯庐断裂的北部延续"，呈东北方向横贯全市，以浑河大断裂为界，浑河北属于"铁岭—清原隆起"，浑河南属于"抚顺—新宾"隆起，且浑南隆起较大，基底岩石出露较广。因此，本区地貌特征是：西北低，中间地势起伏不平的低山丘陵及狭长河谷平原地貌。

二、成土母质

母岩被风化为成土母质。母质在气候和生物的作用下，表层逐渐变成土壤，所以母质是形成土壤的物质基础。抚顺市（五区）地质条件复杂，成土母质的类型多种多样，主要有六种：残积物、坡积物、洪积物、冲积物、黄土状和湖沼沉积物。

（一）残积物

残积物是指地壳岩石风化后原地残留的岩石碎屑物。它的组成和性质自表层到基岩，是逐渐过渡的。靠近基岩的是崩裂成大块的岩石，成分和性质与基石基本一致，向上至地表则逐渐成为较细小的有棱角的碎屑，在组成和性质上同基岩有较大的差异。

（二）坡积物

包括老坡积物和新坡积物，在全区各地都有分布。老坡积物主要分布在斜坡上下部和超河漫滩第二阶地表面上，其组成物质为碎屑和土状物，最大厚度 10～20cm；新坡积物主要分布浅滩、河漫滩和超河漫滩第一阶地表面，最大厚度 3m 左右。坡积物是斜坡上的残积物经冰雪融水和雨水推移搬运而积在斜坡的下部，多形成山前坡积裙，坡积物的岩石成分复杂主要受坡顶母岩控制。斜坡上部为酸性岩类残积物，则坡积搬运的多是岩石碎屑和细土的混合物，由于搬运距离较近，岩石多呈棱角，分选性差，碎屑物粒度由坡上到坡下是逐渐变小而细土增加，最后形成沙土到壤土。斜坡上部母质为黄土，则在坡下堆积着坡积黄土，其土壤肥力、物理性状均好于坡上黄土。坡积物一般不具层理，多为碎屑和细土混合物，但在坡积裙上沿着顺坡向，具有与斜坡一致的层理，土状坡积物则发育垂直节理。坡积物上部薄下部厚，常在 2～4m，土体下部常见埋藏土壤。坡积物多发育为棕壤、潮棕壤，一般多垦为农田。

（三）洪积物

洪积物是在山间洪水的作用下形成的洪流堆积物。主要分布山麓扇形地、山前倾斜平原、山间谷地和河谷上游。洪积物的特点是：粒度成分无分异，很粗，不一，其组成物由扇顶到规缘逐渐由粗到细，并随着地形和垂直剖面按一定的规律进行沉积分异的作用。洪积物的平面分轮廓呈扇形或阶地，又称洪积扇。洪积扇上部含有大量石块、石砾和粗沙，有时可见沙的透镜体。洪积扇下部粗沙含量大为减少，而变为细土状沉积物，其特点是结构性和粒度成分具有相当的一致性，粗粒很少。但粒度成分不固定，多为轻壤土到重壤土。洪积扇上部和下部有发生上的联系，两者之间并有过渡，即洪积扇的中部，表层由沙壤土壤组成，下层为砾石层或沙石层，磨度好于上部，具有不规则的层理。洪积物土层深厚，垂直剖面粒度成分。随着深度而变粗，如清原满族自治县大孤家的山前洪积台地上，其垂直剖面是：土层为1～3m的黏黄土，下层为岩屑、粗沙和黏土混合物，砾石有一定的磨圆度和层理。洪积扇上部多发育为棕壤性土，中部为潮棕壤，下部为草甸土，土壤肥力由扇顶到扇缘，逐渐递增。

（四）冲积物

冲积物分布于浑河及其支流两岸的河谷地貌上，冲积物包括磨圆度较好的砾石、卵石、沙粒、黏粒等物质。其主要特点是具有明显的层理，粒度成分选性好，但不均一。冲积物的水平分布规律和水流的特性密切相关，一般离河床越近，粒度越粗，离河床越远，粒度越细，按沙土—壤土—黏土的顺序，有规律地呈带状分布。河流上游的冲积物粒度粗主要是由石砾组成，而下游粒度细，由沙土、壤土和黏土组成。形成近粗远细、上粗下细的分布规律。滨河床浅滩的沉积物由河床相的沙砾和黏土组成。河漫滩和河成阶地的沉积物具有二元母质，表层由河漫滩相细沙或黏土组成，具有微波状交错层理。下部为河床相的沙砾和黏土，无层理，如清原满族自治县永帘洞西 500m 处的浑河二级阶地，海拔 350～420m，高出地面 60～70m。阶地冲积物厚度超 20m，上部为河漫滩相，可分三层：上层为 10m 厚的黏黄土，中层为 3m 厚的黄色粗沙层和黑色粗沙层的互层，下层为 1.5m 厚的具有斜交层。下部为河床相的砾石层，厚度 6m，含有石英岩、花岗石、安山岩等砾石，砾径一般 5～10cm，最大 60～70cm。再下的基岩，属于前震旦纪变质岩。冲积物的剖面特征极其复杂并且有多样粒度组成的层次组合，直接影响到土壤质地和土壤构型。如浑河一级阶地的李石地区的草甸土具有明显的冲积层次，距浑河由近至远依次分布着沙质、壤质、浅沙底壤质、深沙底和壤质草甸土。土体构型有夹沙、夹砾、夹黏、沙底、沙石底、黏土底等发育在高阶地的冲积平原的地带土壤，一般土层深厚，质地均一，多为轻壤土到黏土。如发育在浑河二级阶地到前甸、章党至官岭一带，则为地带性土壤，黄土层深5～6m，最深的地方超过10m，质地细而均一，为中壤—重壤质。冲积物土壤肥力较高，是主要耕作土壤。

（五）黄土状

包括黄土和黄土状沉积物。主要分布在丘陵和河谷阶地上。黄土，是上更新世堆积的土状物岩石，相当于马兰期黄土。黄土由于受生物气候条件的影响，棕壤化明显，富含硅铁酸盐及铁、锰氧化物，盐基饱和，呈微酸性反应。黄土具有明显的垂直节理，呈棱柱状，结构为粒块状，因其粒度细、质地黏重、结构疏松和遇水易分散等特点，容易造成强烈的土壤侵蚀。在黄土发育的棕壤和潮棕壤，均已辟为农田，其中一部分垦为水田，是全区重要的粮食产地和烧制砖瓦的材料来源。

（六）湖沼沉积物

包括泥炭和淤泥质地土。主要分布在清原、新宾的河流两岸低洼地、沼泽及山前倾斜平原的低地和山间洼地。泥炭是有机岩石，可分为埋藏泥炭和裸露泥炭两个类型，在全区山地均有分布。埋藏泥炭的岩性属于低位泥炭，造岩植被主要由草木沼泽等湿生植物残体所组成，颜色为褐色、暗褐色或黑色，纤维状至叶片状结构，富弹性，分解良好，泥炭厚度30～150cm，盖层厚度20～100cm。泥炭不仅是土壤资源，也是土壤改良剂，饲料、医药、能源、化工、环保、建材和造纸的优质原料。

三、气　　象

全区处在北温带亚湿润区内，属大陆性季风气候。雨热同季，四季分明。年平均气温 7.8℃。1 月平均气温−14℃，最低气温−35.2℃；7 月平均气温 24.℃，最高气温 35.8℃。年平均降水量 823mm，多集中在 7、8、9 月，无霜期 145d 左右。

四、植　　被

本区地处长白植物区系向华北植物区系过渡地带。境内植物以长白植物区系的植物为主，间有华北植物区系的成分。原生植物是以红松、沙松、臭松、鱼鳞松为主的针阔混交林。这些植物在特定的自然、历史环境下，经过漫长的演替过程，形成了互相依存、互相制约、结构复杂的植物群落，它们随着气候、地貌，生态环境的变化而有规律地分布着。

第三节　社会经济与农业生产概况

一、人口概况

抚顺市总人口 238 万人，其中市区人口 140 万人。在全市总人口中，汉族占 72.51%，少数民族占 27.49%。其中少数民族有 33 个，包括满族、朝鲜族、回族、蒙古族、锡伯族等。

二、经济概况

2011 年抚顺市 GDP 实现 1 113 亿元，增长 13.7％，总量保持全省第七位，增长幅度居全省第三位。全市一产业增加值达到 70 亿元，增长 6.5％，创造历史最好水平。

2011 年，抚顺市工业增加值完成 587 亿元，增长 15.1％，总量居全省第七位，增速在全省居第六位。2011 年，抚顺市全社会固定资产投资为 771.5 亿元，增长 30.3％，总量、增幅在全省保持了第六位的水平；建筑业产值 334 亿元，增长 46.6％，总量在全省排第四位，增速排第五位；建筑业增加值 98 亿元，增长 34.2％。

抚顺市 2011 年各项主要经济指标都取得了较大的突破，经济发展成果惠及市民百姓。2011 年，抚顺市城市居民人均可支配收入达到 18 069 元，增长 18.1％，农民人均纯收入 8 780 元，增长 21.9％，增幅分别居全省第一位和第二位。市民收入的增长带动了社会消费。2011 年，抚顺市社会消费品零售总额完成 392.7 亿元，总量排全省第四位，增长 17.6％，增幅在全省排第六位。

2012 年上半年抚顺市固定资产投资在全省持续回落的情况下，一直保持在 28％～32％的增幅区间。在投资总额中，建设项目完成投资 265.9 亿元，增长

36.3％。其中，房地产开发完成投资 47.2 亿元，增长 1.4％；农村中非农户完成投资 16.7 亿元，增长 9.6％；建筑业增加值 24.9 亿元，增长 30.8％，排在全省第一位。

三、农业生产概况

改革开放以来，抚顺市的农村经济蓬勃发展，各业生产蒸蒸日上。尤其是 1983 年以后，全市农村基本上建立起以农民家庭联产承包为基础，集体统一经营和家庭分散经营相结合的农业生产经营新体制。2000 年，全市农村国内生产总值实现 92.6 亿元，农业总产值为 41 亿元，农业增加值 18.9 亿元；乡镇企业增加值 64.8 亿元；林业实现总产值 18.1 亿元，完成植树造林 8 366.7hm^2。主要农产品产量粮食为 37.9 万 t、蔬菜 52 万 t、肉类 12.6 万 t、禽蛋 6.9 万 t、果品 6 万 t、鱼类 0.28 万 t；农民人均纯收入为 2 900 元，比 1995 年增长 1 倍，低收入户不断减少，高收入户日趋增加。

2007 年实现农林牧渔业总产值 74.8 亿元，比上年增长 18.6％。其中农业产值 29.3 亿元，增长 19.3％；林业产值 6.7 亿元，增长 17.7％；牧业产值 29.0 亿元，增长 18.5％；渔业产值 9.1 亿元，增长 17.2％；农林牧渔服务业产值 0.7 亿元，增长 18.8％。现代农业综合生产能力明显增加。大力发展设施农业，新建标准日光温室 2 200 多栋，新增温室生产面积 3 300 多亩*。突出发展特色产业，全年投入特色产业扶持资金近 1 000 万元，实现食用菌地栽培 1.05 万亩，棚室栽培 2 100 万栋，产量达到 4.5 万 t，比上年增加 0.5 万 t；中药材生产面积 55 万亩，产量 3.5 万 t，分别比上年增长 10％和 9％；山野菜面积 14 万亩，产量 0.9 万 t，分别比上年增长 16.7％和 7％。农业产业化步伐加快，规模以上龙头企业达到 110 家，比上年增加 12 家。全年实现粮食总产量 55 万 t。

---

* 亩为非法定计量单位，1 亩＝1/15 公顷（hm²）。——编者注

第二章

土壤分类和土壤形成过程

第一节 土壤分类

土壤是历史的自然体，也是劳动的产物，因此土壤分类应是以土壤发生学的观点作为基本原则，正确处理自然土壤和农业土壤的关系，把二者联系起来进行分类。具体工作时要把成土条件、成土过程和成土属性三者结合进行研究分类。

根据《全国第二次土壤普查工作分类暂行方案》规定的要求和《辽宁省第二次土壤普查工作分类暂行方案》以及修改意见，土壤分类采用五级分类制，即土类、亚类、土属、土种、变种。按照上述原则，结合《辽宁省第二次土壤普查土壤工作分类暂行方案》，采用土类、亚类、土属三级分类系统，将全区土壤划分4个土类8个亚类13个土属。

一、土　　类

土类是分类的基本单元。它是根据成土条件、成土过程以及由此而产生的土壤属性所显示的特点（剖面形态、理化和生物特性）进行划分的。它是土壤发育过程中一个主导的或同时有几个次要的相结合的成土过程所形成的一类土壤，有其特定的生物气候条件、水文条件及耕作制度等环境条件，有独特的成土过程和剖面特点。土类之间在基本属性上有质的差别。如全区共分4个土类，分别是棕壤、草甸土、褐土和水稻土。

二、亚　　类

亚类是在土类范围内不同发育阶段或土类之间的过渡类型。根据主导土壤形成过程以外的另一附加过程来划分。亚类间只有量的区别，而没有质的差异，其主要属性基本一致。如棕壤土类划分为棕壤性土、棕壤、白浆化棕壤和潮棕壤4个亚类，它们均具有棕壤的特点。

三、土　　属

土属是具有承上启下的分类单元，是亚类的续分，也是土种的归纳。主要是根据母质、水文、利用方式等较小的地区性因素进行划分的。如全区棕壤性土亚类分为3个土属。

表 2-1　全区土壤分类系统表

土类名称	亚类名称	土属名称
棕壤	白浆化棕壤	侧渗型白浆化棕壤
	潮棕壤	黄土状潮棕壤
	棕壤	黄土状棕壤
		坡积棕壤
	棕壤性土	硅钾质棕壤性土
		硅铝质棕壤性土
		铁镁质棕壤性土
褐土	褐土性土	钙镁质褐土性土
草甸土	草甸土	壤质草甸土
		沙质草甸土
	石灰性草甸土	沙质石灰性草甸土
水稻土	冲积淹育田	壤质冲积淹育田
		沙质冲积淹育田

第二节　土壤的形成过程

　　土壤是成土因素综合作用的产物。土类间具有质的区别。现将本区的棕壤、褐土、草甸土及水稻土的形成过程进行简要分述。

一、棕壤的形成

　　棕壤分布在本区丘陵地带和平原区局部的高地。在暖温带原生的夏绿阔叶林的生物气候条件下，伴随温暖多雨季节与干旱季节的相间出现，土体内氧化与还原过程交替进行。化学风化比较强烈，形成了较多的富含铁质的绿高岭土、水针铁矿等次生黏土矿物和高价铁氧化物的水化物，土体呈现棕色或棕黄色，形成了以棕壤化为主导的成土过程。伴随这一成土作用的同时，在雨季强烈淋溶作用下，土体上部的黏粒及水解生成的胶体硅酸随水下移，在心土适宜部位，黏粒集聚，质地黏重，黏化现象非常明显，形成表面覆有铁质胶膜的棱块状结构，在结构体外围附有硅酸胶体脱水生成的二氧化硅粉末，组成了淀积层。同时易溶的钙、镁、钾等盐基物质遭到彻底淋洗，使土体呈现微酸性反应。

由于上述成土过程的综合作用，典型棕壤形成腐殖层、淀积层和母质层的土体构型，发育成地带性土壤。

二、褐土的形成

褐土主要分布于半干旱和半湿润地区，土壤淋溶作用比棕壤弱，因此，碳酸钙的淋溶与淀积在褐土形成中占有一定的位置。碳酸钙在土层中的移动和积累主要表现为假菌丝状，仅在剖面中下层广泛存在，但有时在表土层也有碳酸钙积累。褐土的黏粒矿物处于初期脱钙阶段，次生硅酸盐的形成比较明显，在已脱钙的土层中黏粒的形成与铁锰释放渐趋活跃，往往在钙积层之上形成一暗棕色黏化层。褐土的黏化过程，不仅有黏粒矿物的形成，同时也有一定的黏粒聚积作用。但是，在褐土的黏化过程中一般以残积黏化为主，而夹有一定的淋溶黏化。

此外，褐土中的微生物活动很旺盛，有机质矿质作用较强，有机质含量一般不高，腐殖质累积强度不及棕壤大。

三、草甸土的形成

在本区东部河谷平地、丘间低山及西部冲积平原，地下水埋深一般在 1～3m，土壤受其浸润，湿度较大，在原生草甸植被作用下，形成了以草甸化为主导的成土过程，发育成丰水成隐域性土壤——草甸土。这一土壤成土过程的特点，一是草甸植被生长茂密，土壤腐殖质积累较多，并经其胶结作用，土壤形成团粒状或粒状结构，发育成深厚的腐殖质层。二是由于地下水升降活动频繁，氧化还原过程交替进行，心土内形成锈纹锈斑，发育成锈色斑纹层。此外，本区的草甸土除局部低片地或河漫滩地带，由于近代的沉积作用，地表覆盖一层淤积物，土体内有黑色埋藏层外，一般的土体构型均由腐殖质层、锈色斑纹层和母质层所构成。

四、水稻土的形成

本区水田垦殖时间较短（长的 60 多年，大部分为 20 世纪 60 年代初期开发，仅有 30 多年历史），水耕熟化措施对土体的影响仍处于初期阶段，除耕层已发育成淹育层外，犁底层以下还基本保留原有的土体特征，没有形成渗育层或潴育层，均属于淹育型水稻土。

水稻土是受人为因素的强烈影响，形成的特殊土壤类型。从本区水稻土的发育看，水耕熟化措施影响主要表现在两个方面：一是在水稻生育期间，由于田间长期淹水，耕层土壤水分处于饱和状态，铁锰物质活动强烈，加之水耕措施的影响，土壤结构体显著变小，呈现微团聚体或单粒的分散泥糊状，干时结成硬块，并附有大量锈斑，发育成淹育层。同时由于该层土壤长期处于过湿状态，土壤有机质腐解缓慢，矿化少积累多，有机质含量普遍高于同类型的旱田土壤。二是本区水稻土多发育在黄土状母质上，犁底层具有很强的滞水作用，在淹水期，心土层也多处于水分不饱和状态（氧化状态），被淋洗的物质在心土层内沉积，生成高价铁锰氧化物的锈纹锈斑和二氧化硅粉末，淋移的黏粒也发生了相应的集聚。

第三节 土壤分布规律

土壤分布与成土的环境条件密切相关。随着环境条件的改变，土壤分布也发生相应的变化。从本区土壤分布看，东部丘陵、西部平原，随着地形的改变，植被类型、成土母质和地下水状况等，均发生相应的变化，形成了由东至西，从棕壤到草甸土的一般分布规律。但地貌类型不同，局部土壤种类分布规律也不同。现按本区自然景观的差异，划分丘陵区、平原区和河谷地带三个自然分区，进一步揭示土壤的分布规律。

一、丘　陵　区

丘陵区包括东洲区、顺城区及新抚区部分的土质丘陵，由丘顶至沟谷，成土母质、地下水状况、植被类型，形成了相应的黄土状棕壤（铁镁质棕壤性土）—硅铝质棕壤—侧渗型白浆化棕壤—钙镁质褐土性土—壤质草甸土的土壤分布规律。由丘顶至沟谷，沿水系形成了由地带性土壤——棕壤到隐域性半水成土壤——草甸土的类同分布，构成了枝形土壤组合的分布规律。

二、平　原　区

平原区指沈抚公路两侧的冲积平原，成土母质，除河谷地带的冲积母质外，均为第四纪黄土状淤积物。该区多已垦为水田，由高至低，呈硅铝质棕壤性土—侧渗型白浆化棕壤—沙质冲积淹育田—壤质冲积淹育田—沙质石灰性草甸土的土壤分布规律。

三、河　谷　地　带

流经本区的浑河河谷地带发育的草甸土，冲积母质沿水系，呈现至上游至下游，从靠近河床到远离河床，质地由粗到细的变化规律。近河床分布有河沙土，离河床较远为河淤土，与河流平行呈带状分布。

第三章

抚顺市(五区)各种土壤基本特征和特性

第一节　棕壤土类

　　该区棕壤的土地面积 86 307.41hm²，占全区面积 77.37%。

　　棕壤是在温暖带落叶、阔叶林和针、阔混交林的生物气候条件下发育的地带性土壤。由于温暖湿润的气候，雨季较长而干季较短，黏化作用明显，土体中部质地黏重，产生较多的次生黏土矿物，主要有伊利石，伴随有蛭石和高岭石，或伊利石伴随有高岭石，并有次生富含铁质的绿高岭石和水针铁矿，以及高价铁氧化物和水化物，使土体呈现棕色或棕黄色，形成了以棕壤化为主导的成土过程。伴随着这一成土过程，又由于雨量充沛，淋溶作用强，土壤中除易溶性和碳酸盐类均被淋失外，土体上部的黏粒和部分硅、铁、锰随下渗水流迁移，在心土形成淀积层，呈核状结构，结构面上覆有铁锰胶膜，并有硅酸粉末的离析。

由于在本区生物气候条件下，有利于生物的累积，大量的枯枝落叶层，在以细菌、放线菌为主的微生物作用下进行缓慢的腐殖化过程，使土体表层腐殖质不断积累，形成较厚腐殖质层。也因为残落物中含有丰富的盐基物质，在分解时产生大量的盐基，能中和土壤中各种酸类，使土壤呈中性和微酸性反应。

一、棕壤性土亚类

棕壤性土的面积 60 357.51 hm²，占全区面积 54.11％，占棕壤土类面积的 69.93％。

棕壤性土主要分布于低山、丘陵和山前缓平高地。土层厚度一般不超过 40～50cm，局部达 100cm（下坡），并含有石砾（石砾含量少于 70％），剖面发育不明显，无心土层（B 层）。土体构型大都为 A、C 层或 A、D 层（D 层系岩石层）。表层以下即为风化或半风化的岩石。A 层浅薄，水土流失现象较为严重。

该类土壤广泛分布在石质丘陵的中、上部或漫岗顶部，是酸性岩类棕壤性土经垦荒耕种后形成的农业土壤。棕壤性土亚类，划分为硅铝质棕壤性土、铁镁质棕壤性土、硅钾质棕壤性土 3 个土属。

（一）硅铝质棕壤性土

硅铝质棕壤性土面积 53 487.07 hm²，占全区面积的 47.95％，占棕壤土类面积的 61.97％，占棕壤性土亚类面积的 88.62%。

主要分布于东洲区、开发区、望花区、新抚区、顺城区 5 个区。该类土壤原土层较厚，属于中层或厚层酸性岩类棕壤性土，但由于植被遭到破坏，水土流失十分严重，使土层逐年变薄，土壤中的养分和黏粒不断流失，肥力下降，耕层变浅，平均厚度不足 20cm，个别地块小于 10cm。土层中砾石含量明显增高，一般达到 30%～70%，呈现明显的粗骨性。由于地势较高，距离村屯比较远，所以很少施用农家肥，因此土壤肥料逐年下降。

（二）铁镁质棕壤性土

铁镁质棕壤性土面积 3 680.95 hm²，占总面积的 3.30%，占棕壤土类面积的 4.26%，占棕壤性土亚类面积的 6.10%。

分布于顺城区、东洲区。该类土壤特性与硅铝质棕壤性土相类似，属于中层或厚层酸性岩类棕壤性土，但经人为开垦种植后，虽然耕种时间较短，一般为 30 年左右，但由于植被遭到破坏，水土流失十分严重，大雨过后，出现的冲沟、细沟较多和严重片蚀的结果，使土层逐年变薄，土壤中的养分和黏粒不断流失，肥力下降，耕层变浅。

（三）硅钾质棕壤性土

硅钾质棕壤性土面积 3 189.49 hm²，占总面积的

2.86%，占棕壤土类面积的 3.70%，占棕壤性土亚类面积的 5.28%。

分布于顺城区、东洲区。该类土壤原土层较厚，属于中层或厚层酸性岩类棕壤性土，经人为开垦种植后，虽然耕种时间较短，但由于植被遭到破坏，大雨过后，出现的冲沟、细沟较多和严重片蚀的结果，使土层逐年变薄，土壤中的养分和黏粒不断流失，肥力下降，耕层变浅，平均厚度较薄，个别地块较小。土层中砾石含量明显增高，呈现明显的粗骨性。

二、棕壤亚类

全区棕壤面积 1 602.56 hm²，占全区面积的 1.44%，占棕壤土类面积的 1.86%。

棕壤是在酸性岩类棕壤上经过人为开垦耕作而发育成的农业土壤，其成土母质与酸性岩类棕壤相同。但由于人类垦殖耕作后，地表的自然植被遭到破坏，引起不同程度的水土流失，在坡度较陡的地形部位上，土壤侵蚀非常严重，表土流失较多，淀积层位抬高，距表层仅 10cm 左右，影响作物根系的生长，为农业生产中的障碍层次之一。由于水土流失的影响，不但表层变薄，砾石含量增加，而且表层有机质、各种养分含量明显下降。又由于受开垦年限及土壤质地的影响，除表层为耕作层外，有些开垦年限较短，质地较粗，没有形成犁底层；有些开垦年限较长，质地又较黏，则易形成犁底层。犁底层以下各层次，均和酸性岩类棕壤剖面相似。

这种土壤由于所处地形部位较高，春季地温回升较快，加之通透性好，适合早播，发小苗。又因肥力较低，或受紧实的淀积层影响，作物生长中后期易现脱肥、早衰现象，常影响作物产量的提高。棕壤亚类划分为坡积棕壤和黄土状棕壤土两个土属。

（一）坡积棕壤土

坡积棕壤面积 135.22 hm²，占总面积的 0.12%，占棕壤土类面积的 0.16%，占棕壤亚类面积的 8.44%，主要分布开发区等地。

坡积棕壤是在坡积棕壤上开垦种植作物而成的农业土壤之一，因此其成土母质、土体构型、发生变化均与坡积棕壤相同或相近。土层厚度一般 2～5m，通体土石相间，砾石多呈棱角碎块，碎石从坡上到坡下渐少，直径由大变小。由于开垦种植后，自然植被遭到破坏，受土壤片蚀影响，耕层较薄，肥力较低，为低产田土壤。

该种土壤土质热潮，发小苗不发老苗，易于耕作，但肥力较低，作物生长到中后期易脱肥、早衰，产量低。

（二）黄土状棕壤土

黄土状棕壤面积 1 467.34 hm²，占总面积的 1.32%，占棕壤土类面积的 1.70%，占棕壤亚类面积的 91.56%。

该区域黄土状棕壤分布较广，东洲区、开发区、望花区均有分布。该类土壤所处地形部位为低山丘陵中部缓坡平地或河谷的高阶地。

黄土状棕壤是在黄土状棕壤的基础上，经过人为开垦耕种，形成的农业耕作土壤。其土质、土层厚度、发生层次与黄土状棕壤相同或相近。土壤剖面层次一般有耕作层（AP）、犁底层（P）、黏化淀积层（B）和母质层（C）。以上层次受人为耕作、施肥影响，在黄土状母质发育的农业土壤，很容易成耕作层和犁底层，而心土层和底土受人为影响较小，仍保持起源土壤的特性。

该土壤当地农民俗称为"黄泥土"或"老黄土"。主要是土质黏紧板硬，渗水性差、耕性差，不易耕作。具有黏、酸、板、瘠的特点。耕型黄土状棕壤通体黏重，多为中壤—轻黏土，物理性黏粒含量＞40%；通体偏酸性，磷肥施用效果不明显；犁底层、淀积层坚实板结，通透性不良，影响作物根系生长和养分吸收；所处地形部位较高，多为洪积台地、高阶地，施用农家肥极少，加之水土流失，致使养分日趋贫瘠，属于中产田。

三、白浆化棕壤亚类

该亚类只有侧渗型白浆化棕壤土一个土属。

抚顺市（五区）侧渗型白浆化棕壤面积20 546.44hm²，占总面积的 18.42%，占棕壤土类面积的 23.81%，占白浆化棕壤亚类面积的 23.81%。

主要分布于望花区、开发区、顺城区、东洲区、新抚区。

侧渗型白浆土地区的植被，多为人工栽植林，以及其他草甸草本植物。

侧渗型白浆土通体为中壤土—轻黏土，具有较好的保水保肥性能，表层有机质含量较高。亚表层由于上层滞水的侧向漂洗作用强烈，有色矿物元素和养分元素被淋失，含量急剧降低，土壤颜色变浅而形成白浆土层。该层紧实，通透性极差，为植物生长的明显障碍层次。白浆土剖面层次分化明显，自然土壤剖面由 A、A_w、B、C 层构成。A_w 层为白色或灰色。B 层为暗棕或棕色，质地黏重、紧实不透水，有铁锰胶膜和铁离子。C 层为棕色或棕黄色。

四、潮棕壤亚类

该亚类只有黄土状潮棕壤土一个土属。

黄土状潮棕壤面积 3 800.90hm²，占总面积的 3.41%，占棕壤土类面积的 4.40%。分布较广，开发区、望花区、顺城区、东洲区等均有分布。

黄土状潮棕壤处于丘陵漫岗的中下部及缓坡平地，成土母质为第四纪黄土沉积物。地下水位多为 3～5m。因受地下水影响，土体下部有锈纹锈斑及硅酸粉末。剖面发育较明显，淀积层一般出现在 30～70cm 处，有明显的核状结构，结构面挂有胶膜、硅酸粉末、锈斑等，质地黏重，呈灰棕色。

这种土壤在农业生产上的表现是：春季地温低、冷浆，不发小苗；通体质地黏重，通透性差，适耕期短，耕型不良；有些受到侵蚀影响，淀积层浅，土重紧实，为作物根系生长的障碍层次。

总体看，该土壤土层深厚，水分状况较好，矿质营养化较丰富，具有较好的保肥保水性能。因此，只要在春季保全苗，并在雨季来临之前，做好田间管理工作，则后期肥劲足而长。

第二节　褐土土类

抚顺市（五区）褐土面积 1 228.82hm²，占全区耕地面积的 1.10%。褐土土类分布在抚顺市东洲区，面积较小，一个土属为钙镁质褐土性土。

褐土处于丘陵漫岗的下部及缓坡平地，成土母质为第四纪黄土沉积物。腐殖质层一般 10～15cm。黏化层较明显，紧实并有断续的胶膜淀积，钙积层的石灰多呈假菌丝状和结核状。表层的黏粒含量多在 15% 以下，黏化层明显增高，可达 26%～30%。钙积层减低至10% 以下。褐土剖面中各发生层的性质也有很大不同。剖面上部（A 层和 Bt 层）为中性反应，剖面下部（Bca 层和 C 层）呈碱性反应。钙积层富含石灰。表层有机质含量较高，但变幅较大。

钙镁质褐土是碳酸盐发育的褐土，质地偏黏，多为黏壤土至壤质黏土，黏化现象明显，剖面中部黏粒含量比表层增加 6%～10%，特别是黏化层明显增加，黏化率为 1.51%～2.48%。

这种土壤在农业生产上的表现是：土壤有机质含量较低，土壤生态条件脆弱；通体质地黏重，通透性差，适耕期短，耕型不良；有些受到侵蚀影响，淀积层浅，土重紧实，为作物根系生长的障碍层次。

第三节 草甸土类

境内草甸土面积 12 776.11hm²，占全区总面积的 11.45%。

草甸土类分布在沿河两岸和山间河谷平地，是发育在河流冲积物上的半水成土壤，是最肥沃的高产田土壤。

草甸土类的特征：土层深厚，水分充足，剖面层次分化明显，由腐殖质层（A）、锈色斑纹层（C_w）和母质层（C）组成。耕型草甸土则从腐殖质层分化出耕作层（A_P）、犁底层（P）。

该区域草甸土类有两个亚类，草甸土和石灰性草甸土。

一、草甸土亚类

草甸土亚类面积 12 347.30hm²，占全区总面积的 11.07%，占草甸土土类面积的 96.64%。

草甸土亚类主要分布于沙河两岸和浑河左侧沿河一带，以及零星分布于丘陵谷间低平地。土层深厚，一般 70~100mm。表层为棕灰色，沙壤土到中壤土，呈粒状到块状结构；心土为黄棕或暗灰色，轻壤到轻黏土，呈块状或核状结构，有少量锈纹和锈斑的淀积；底土为黄棕或灰棕色，轻壤到重壤土，呈核块状结构，也有大量锈纹和锈斑，或夹杂有小量的潜育斑。

草甸土亚类各土属间的共同特点：土层深厚、沙黏适中、养分丰富、水分充足，为本区最肥沃的土壤。草甸土亚类划分为沙质草甸土、壤质草甸土等两个土属。

（一）沙质草甸土

沙质草甸土面积 238.53hm^2，占总面积的 0.21%，占草甸土土类面积的 1.87%，占草甸土亚类面积的 1.93%。

沙质草甸土是发育在沙质淤积物上的耕作土壤。主要分布在辖区内的沿河一带，呈带状分布。

耕型沙质草甸土通体质地较粗，黏粒含量很低，物理黏粒为 5%～19.5%，浅黄色或灰棕色，并夹有沙层、卵石层或黏土层。由于受历次洪水泛滥的影响，剖面中常见沙、黏相间的质地层次。在人为耕作影响下，表层逐渐形成耕作层。耕型沙质草甸土的农业生产特性表现为：土轻松散、干燥温暖、通气良好、耕性好、适耕期长。春季地温回升快，发小苗，但保水保肥性差，不抗干旱；有前劲无后劲，后期容易脱肥，造成作物生长不良，容易减产。

（二）壤质草甸土

壤质草甸土面积 12 108.78hm^2，占总面积的

10.86%，占草甸土土类面积的 94.78%，占草甸土亚类面积的 98.07%。

壤质草甸土俗称"河淤土"，广泛分布在该区河流沿岸的超河漫滩、低阶地及河谷平地。

壤质草甸土土层深厚，通体壤质或夹有沙石层、黑土层、熟土层，土质疏松细腻沙黏适中，通透性好，具有较好的保水保肥性。这种土壤耕性好，湿而不黏，干而不硬，适种作物广。该土壤除因黏粒含量低致代换量较低外，养分状况比较好。早春地温回升快，土质热潮，属高产田土壤。

二、石灰性草甸土亚类

该亚类只有沙质石灰性草甸土一个土属。

沙质石灰性草甸土面积 12 347.30hm²，占耕地面积的 11.07%，占草甸土土类面积的 96.64%。

沙质石灰性草甸土零星分布冲积平原的低洼部位，其成土过程相似于草甸土亚类，主要区别是剖面上部有碳酸盐反应，黏粒含量较高，土质黏重，土色较暗，有机质含量较高。成土母质为黄土状淤积物。

分布于开发区、望花区。这种土壤通体有石灰反应，上部更为强烈，局部地表有少量盐霜。表土暗棕灰色，质地中壤到重壤。目前主要种植玉米等作物。由于碳酸盐类聚集，pH 较高，在一定程度上影响作物幼苗生长。

第四节 水稻土类

全区水稻土的土地面积 11 233.625 0 hm²，占总面积的 10.07％。

水稻土是在水耕条件上发育的水成土壤。在渍水条件下，一方面是物质积累，受人为的耕作，施肥引起有机质和黏粒的累积；另一方面是还原淋溶，即黏粒的淋失和铁锰还原淋溶，使水稻土形成独特的剖面结构。全区水稻土类只有淹育型水稻土一个土属。

淹育型水稻土分布于本区中部大面积冲积平原上，具有明显的淹育层特征。淹水后该层呈还原反应，土粒分散呈泥糊状，干后呈块状，土体致密根孔多红棕色铁锈和锈根。渗育层稍有分化，潴育层发育不清晰，仍呈起源土壤（棕壤、草甸土）的特征。

淹育型水稻土的各土属的共同特点：土壤质地黏重，剖面中的黏粒（<0.001mm）普遍有明显下移现象。如黏质黑土田表层黏粒含量为 27％左右，而心土层却 40％。除河淤土田通体轻壤到中壤外，绝大多数土壤类型的质地，通体为中壤到重壤土，而重壤土占绝大比例。本区淹育型水稻土亚类主要有冲积淹育田一个土属。

冲积淹育田主要分布于新抚区、顺城区、东洲区、开发区、望花区等地。是由草甸棕壤（或潮棕壤）改种水稻，经过人为水耕熟化，发育而成。由于种稻年限较短，有人称棕壤型水稻土。这种土壤的主要特征是心土层黄棕色，具有明显的残留淀积层次，呈核状结构，结构体表面有胶膜，并有较多的硅质粉末，有锈纹锈斑，并有铁结核。由于受起源土壤的影响，土层深厚，土质黏重，通体质地为棕壤—重壤，尤其是黏质棕黄土田，通体均为重壤土，物理性黏粒（＜0.01mm）达45.8%～59.8%。排水良好，土性较热，养分含量较高，为水稻土类型中高产稳产的土壤。主要土种有沙质冲积淹育田亚类和壤质冲积淹育田。

1. 沙质冲积淹育田

沙质冲积淹育田土面积 4 835.827 0 hm²，占耕地面积的 4.34%，占冲积淹育田土类面积的 43.05%。

该土的成土母质为河流冲积物和淤积物，所处的地势平坦，地下水位多在 1～2m。由于冲积物的粗细不同，冲击次数、时间均各有差异，因此土体质地构型极为复杂，有些通体沙质，心、底土为沙质或夹有砾石，有些上层沙质，心、底土夹有壤质或黏质，或剖面中沙、壤质相间。一般沙、砾层出现深浅不一。这种土壤的特征是土性干爽，温暖热潮，耕性好，口松易耕，容易发挥肥效；插秧后返青快，发小苗，但后劲不足；局部质地偏沙并有砾石层，容易漏水漏肥。这种土壤由于剖面质地结构极为复杂，因而引起肥力差异较大，影响作物产量的变幅也较大。

2. 壤质冲积淹育田

沙质冲积淹育田土面积 6 397.80 hm²，占区域总面积的 5.74%，占冲积淹育田土类面积的 56.95%。

该土的成土母质同样也为河流冲积物和淤积物，所处的地势平坦，地下水位多在 1~2m。由于冲积物的粗细不同，冲击次数、时间均各有差异，因此土体质地构型极为复杂，有些通体壤质，心、底土夹有壤质或黏质，或剖面中沙、壤质相间。一般沙、砾层出现深浅不一。这种土壤的特征是土性干爽，温暖热潮，耕性较好，口松较易耕，容易发挥肥效；插秧后返青快，发小苗，但后劲较足；不容易漏水漏肥。

第四章

耕地地力调查

第一节　耕地地力调查的目的与意义

　　耕地是农业生产最基本的资源，耕地地力的好坏直接影响到农业生产的发展。随着我国经济社会快速发展，耕地面积与质量变化对粮食安全构成了严峻挑战，受到社会各界的日益关注。众所周知，我国人均耕地面积少，人地矛盾十分突出。为了加强对耕地的有效管理，实现人口、资源、环境的可持续发展，我们必须对耕地资源进行充分的利用，摸清土壤养分状况，服务于农业生产，为行业主管部门提供决策参考，为农民提供配方施肥等技术指导，提高土地利用率，增加农民收入，合理施肥，科学管理，减少化肥对土壤的污染，而查清耕地资源基本情况则是充分利用的前提条件，因此开展耕地地力调查势在必行。

第二节　调查过程及方法的选取

一、布点原则

在耕地地力调查工作中，布点和采样原则应注意以下几个方面：一是布点要有广泛的代表性、兼顾均匀性，要考虑土种类型及面积、种植作物的种类。二是耕地地力调查布点与污染调查（面源污染与点源污染）布点要兼顾，适当加大污染源点密度。三是尽可能在第二次土壤普查的取样点上布点。四是样品的采集要具典型性。采集样品要具有所在评价单元所表现特征最明显、最稳定、最典型的性质，要避免各种非调查因素的影响，要在具代表性的一个农户的同一田块取样。五是样品点位要有标识（经纬度），应在电子图件上进行标识，为开发专家咨询系统提供数据。

二、技术支持

对样点布设和采集应由土壤专业技术人员操作，主要由参加过第二次土壤普查或较长时间从事土肥工作的技术人员进行布点和采集或在农业专家指导下进行。对农业生产方面的调查要由熟悉本地生产情况的各街道（乡镇）技术人员提供技术支持。污染调查由环保技术人员提供技术支持。

三、布点方法

(一) 样点密度

抚顺市(五区)耕地面积 38 182.31hm²,共设耕地地力调查采样点 4 338 个,采用年份为 2008 年,样点平均代表面积 8.80hm²。

(二) 评价单元

为了便于指导施肥,本次评价以土地利用现状调查图(1:10 000)为基础,评价单元确定为耕地地块。当所调查区域图斑数量过多、图斑面积过小时,应依据辽宁省耕地地力评价的分类方法,进行适当合并,形成评价单元,共设评价单元 7 892 个。

(三) 采样点数及点位

根据地块数以及面积和总采样点数量,确定每个地块的采样点数。根据图斑大小、种植制度、种植作物种类、产量水平、梯田化水平等因素的不同,确定布点数量和点位,并在图上标注采样编号。点位要尽可能与第二次土壤普查的采样点相一致。各评价单元的采土点数和点位确定后,根据土种、种植制度、产量水平等因素,统计各因素点位数。当某一因素点位数过少或过多时,要进行调整。同时要考虑点位的均匀性。

四、采样方法

大田土样一般在作物收获后取样。在野外采样田块确定上，要根据点位图，到点位所在的村庄，首先向农民了解本村的农业生产情况，确定具有代表性的田块，田块面积一般要求在一亩以上，依据田块的准确方位修正点位图上的点位位置，并用 GPS 定位仪进行定位。在调查、取样上，要向已确定采样田块的户主，逐项填写进行调查的内容。在该田块中按旱田 0～20cm、水田 0～15cm 土层采样；采用"X"法、"S"法、棋盘法其中任何一种方法，均匀随机采取 15～20 个采样点，充分混合后，四分法留取 1kg。采样工具用木铲、竹铲、塑料铲、不锈钢土钻等。装袋土样填写两张标签，内外各具。标签主要内容为样品野外编号（要与大田采样点基本情况调查表和农户调查表相一致）、采样深度、采样地点、采样时间、采样人等。样品统一编号由样点所在村的行政代码加样品序号组成。野外编号由年份、镇名、样品序号三项组成。在采样时同时测量耕层深度，填写采样点记载表和农户调查表，记录采样点 GPS 上的地理坐标和高程，用照相机拍摄采样点景观照片。

第三节　样品分析及质量控制

一、分析项目

必测项目包括 pH、有机质、全氮、全磷、碱解氮、有效磷、速效钾、缓效钾、阳离子交换量以及铜、锌、铁、锰、硼、硅等 14 项有效态中微量元素。选测硫、钼、钙、镁 4 个项目。

蔬菜地土壤样品在以上分析项目的基础上，增加全盐和硝酸盐的测定。

二、测定方法

项目测定方法参照全国农业技术推广服务中心编制的《土壤分析技术规范》。

pH：玻璃电极法。

微量元素（铁、锰、铜、锌）：DPTA 浸提-原子吸收分光光度法。

阳离子交换量：乙酸浸提-蒸馏法。

有机质：重铬酸钾法。

有效磷：碳酸氢钠浸提-钼锑抗比色法。

全磷：高氯酸硫酸-钼锑抗比色法。

速效钾：乙酸铵浸提-火焰光度法。

缓效钾：硝酸浸提-火焰光度法。

全氮：半微量开氏法。

碱解氮：碱解扩散法。

三、分析质量控制

(一) 全程空白值测定

为了确保化验分析结果的可靠性和准确性，对每个项目、每批（次）样品，进行了两个平行的全程空白值测定，其 20 次测定结果，根据公式 $swb = \sum \{ (x_1 - \bar{x})^2 / m(n-1) \}$ 计算出批内标准差，如发现标准差超出允许范围，该批样品必须进行重检。

（二）检出限控制

在检测过程中，对项目采用的检测仪器或方法进行了检出限测定，批次之间如出现基线漂移、灵敏度低、稳定性差，都首先排查原因、解决问题后再行测定。通常情况下，检测值如果大于等于标准差的 2 倍，都可以作为离群值舍去，不参与评价。

（三）校准曲线的控制

无论是土壤或水质样品的测定，凡涉及校准曲线的项目，每批样品都做 6 个以上已知浓度点（含空白浓度）的校准曲线，且进行相关系数检验，R 值都达到了 0.999 以上。并且保证被测样品吸光度都在最佳测量范围内，如果超出最高浓度点，把被测样品的溶液稀释后重新测定，最终使分析结果得到了保证。

（四）精密度控制

对所有分析项目均进行了 10%～20% 的平行样测定。据统计，平行检测结果与规定允许误差相比较，合格率均达 100%。在分析中发现有超过误差范围的，在找出原因的基础上，及时对该批样品再增加 20% 的平行测定,直到合格率达到100%为止。

(五)准确度控制

对土壤重金属全量铜、铅、铬、镉、汞、砷分析项目,以及水质 pH、铅、六价铬、铜、镉、汞、砷、总磷、氯化物、氰化物、硫化物、氟化物、凯氏氮、化学需氧量分析项目进行了质控样测定,采用质控样与样品同步分析,据统计,土壤 20 次、水样 5 次平均测试结果与质控样保证值相比较,差异都在允许范围内,其测定的相对标准差,土壤在 1.27%～2.16%、水样在 0～2.96%。

第五章 ▪▪▪▪▪▪▪▪▪▪▪▪▪

耕地地力评价简介及资料准备

第一节 耕地地力评价的目的、意义

一、耕地地力评价的目的

根据国家土地利用总体规划，到 2020 年年末全国耕地面积必须确保不低于 18 亿亩，这就意味着我国人地矛盾会进一步尖锐。再加之耕地质量退化以及农田环境污染等，我国耕地正面临前所未有的挑战。合理利用现有耕地资源，保护耕地的生产能力、治理退化或被污染的土壤是我国农业可持续发展乃至整个国民经济发展的基础和保障，也是解决我国人地矛盾的有效途径。加入 WTO 以后，我国农业面临更大的挑战。如何调整农业结构，以满足国内市场对农产品多样化的需求并应对国际市场的竞争？如何保证农产品的产地环境要求，生产优质、安全的产品？如何合理施肥，在提高产量的同时尽量减少对环境的负面影响？这些问题的解答都依赖于对耕地资源的充分了解。为了解抚顺市当前耕地质量的状况，合理利用并保护好有限的耕地资源，科学地管理耕地资源，为农业决策者、农民提供决策支持，需要对耕地地力进行科学的评价。

二、耕地地力评价的意义

耕地地力评价与评价指标体系研究是耕地保护和质量管理的基础，它不仅可以评估耕地的生产能力水平，而且可以指导耕地的合理开发利用，有效保护耕地质量，对耕地特别是基本农田的可持续利用和建设都有着现实意义。

近几十年来我国虽然做过几次土地资源调查和土壤普查，但随着乡镇经济的发展，土地利用状况以及农业用地（特别是耕地）的质量、数量都发生了很大的变化，原有的资料已不能满足国家的需要。自全国第二次土壤普查以来，由于农业经营体制、耕作制度、作物品种、种植结构、产量水平、肥料和农药的使用均发生了巨大的变化，耕地地力随之发生了较大的变化，因此对耕地地力进行全面评价，对促进农业结构战略性调整及优质、高产、高效、安全、生态农业的发展有着积极的意义，同时对于实现农业持续稳定发展相当重要。

利用县域耕地资源管理信息系统开展耕地地力调查和质量评价的科学研究和实践，一方面为辽宁省土壤肥料信息系统和精准农业体系的建立提供信息储备，实现土壤信息交流与共享；另一方面对于摸清全省的土壤资源的家底，合理利用和科学管理土地资源，促进人口、资源、环境和社会经济的持续、稳定和协调发展具有十分重要的理论和实践意义。

同时，对于我们准确把握区域耕地地力、耕地质量及影响当地农业持续发展的制约因素，提出区域耕地资源合理配置、农业结构调整、耕地适宜种植、科学配方施肥及土壤退化修复的意见和方法提供了第一手资料和最基础、最直接的科学依据，也为确保粮食安全，提高农业综合生产能力，促进农业可持续、协调、健康发展起到了积极的促进作用。特别是应用耕地地力调查成果进行耕地资源合理配置，为政府部门宏观调控农业结构提供决策依据，已在实践中证明是最简单、最可行、最科学的方法。

耕地地力是在当前管理水平下，由土壤本身特性、自然背景条件和基础设施水平等要素综合构成的耕地生产能力。进行耕地地力的评价可以揭示耕地的潜在生产能力。本次综合了耕地立地条件、土壤理化性状、土壤管理、剖面性状等因素，对全区耕地的地力进行了科学评价。

第二节　相关文件

《2006 年全国测土配方施肥工作方案》明确要求，"近年来已开展耕地地力调查的省份，要结合测土配方施肥项目进行耕地地力评价；尚未开展的省份，要按照耕地地力调查技术规程要求，抓紧开展有关评价技术培训，选择有条件的县开展耕地地力评价试点工作"。

《2006 年测土配方施肥补贴项目实施方案的通知》要求，"新建设项目县的主要任务是：……做好资料收集和图件数字化等县域耕地管理和评价的前期准备工作……"；"续建设项目县的主要任务是：……建立规范的测土配方施肥数据库和县域土壤资源的空间数据库、属性数据库，对县域耕地地力状况进行评价……"。

《2006 年农业部测土配方施肥项目验收管理办法（讨论稿）》中有关测土配方施肥数据库与耕地地力评价的内容：

县域耕地资源信息系统。在测土配方施肥数据库的基础上，建立县域耕地资源信息系统。包括测土配方施肥和地力调查的属性数据、历史数据（土普、土地详查、土壤肥料试验、土测值等）、数字图件（行政图、土地利用现状图、土壤图、采样点点位图、养分图、施肥分区图、评价图等）、县域耕地地力评价和施肥决策专家系统。

图件。以上数字化图件后的纸质系列图件。

耕地地力评价。包括耕地地力评价报告。

第三节　基本原理

耕地地力是耕地自然要素相互作用所表现出来的潜在生产能力。耕地地力评价方法由于学科和研究目的的不同，各种评价系统的评价目的、评价方法、工作程序和表达方式也不同。归纳起来，耕地地力评价大体上可以分为以气候要素为主的潜力评价和以土壤要素为主的潜力评价。在一个较小的区域范围内（县域），气候要素相对一致，耕地地力评价可以根据所在区域的地形地貌、成土母质、土壤理化性状、农田基础设施等要素相互作用表现出来的综合特征，揭示耕地综合生产力的高低。

耕地地力评价可用以下两种表达方法：

一是用单位面积产量来表示，其关系式为：

$$Y = b_0 + b_1 x_1 + b_2 x_2 + \cdots + b_n x_n$$

式中，Y 为单位面积产量；x_i 为耕地自然属性（参评因素）；b_i 为该属性对耕地地力的贡献率（解多元回归方程求得）。

单位面积产量表示法的优点是一旦上述函数关系建立，就可以根据调查点自然属性的数值直接估算耕地的单位面积产量。但是，在实际农业生产中，除了耕地的自然要素，单位面积产量还因农民的技术水平、经济能力的差异而产生很大的变化。如果耕种者技术水平比较低或者主要精力放在外出务工上，肥沃的耕地实际产量不一定高；如果耕种者具有较高的技术水平，并采用精耕细作的农事措施，自然条件较差的耕地上仍然可获得较高的产量。因此，上述关系理论上成立，但实践上却难以做到。

二是用耕地自然要素评价的指数来表示，其关系式为：

$$IFI = b_1 x_1 + b_2 x_2 + \cdots + b_n x_n$$

式中，*IFI* 为耕地地力指数；x_i 为耕地自然属性（参评因素）；b_i 为该属性对耕地地力的贡献率（层次分析法或特尔菲法求得）。

根据 *IFI* 的大小及其组成，不仅可以了解耕地地力的高低，而且可以揭示影响耕地地力的障碍因素及其影响程度。采用合适的方法，也可将 *IFI* 值转换为单位面积产量，更直观地反映耕地的地力。本次评价就采用这种方法。

第四节　资料准备

一、图件资料的收集与处理

（一）地形图

利用收集到的 1∶50 000 用地形图可以生成数字高程模型（DEM），利用插值的方法可以求得每个调查点的坡度、坡向及海拔高度等信息，是基本情况调查的主要内容。地形图统一采用中国人民解放军总参谋部测绘局测绘的地形图。由于近年来公路、水系、地形地貌等变化较大，因此应于当地水利、公路、规划、国土等部门联系收集有关最新图件资料，以备对地形图进行修正。

（二）土地利用现状图和基本农田保护区图

收集抚顺市电子图（ArcInfo、MapInfo、MapGIS 等格式），比例尺分别为 1∶50 000 和 1∶10 000，确保

每一个地块要有行政代码、面积、地类等数据。近几年来，土地管理部门开展了土地利用现状调查和基本农田区域划定工作，并绘制了土地利用现状图和基本农田保护区图，这些图件可为耕地地力评价及其成果报告的分析与编写提供基础资料。

（三）行政区划图

收集抚顺市最新的行政区划图（1∶50 000）。由于近年来撤乡并镇工作的开展，致使部分地区行政区域变化较大，因此，一定要收集最新行政区划图（到行政村），并注意名称、拼音、编码等的一致性。

（四）土壤图

收集第二次土壤普查成果资料及土壤图（1∶50 000），审查与土壤志的一致性。在进行调查和采样点为确定时，需要通过土壤图了解土壤类型等信息，同时土壤图也是各类评价成果展示的基础图件。

（五）农田水利分区图

收集抚顺市农田水利分区图（1∶50 000），以及收集当地耕地的灌溉条件、灌溉保证率、灌溉模数、排涝模数、抗旱能力、排涝能力等指标。

（六）地貌类型分区图

收集地貌类型分区图（1∶50 000），并通过地貌类型分区图和采样点点位图叠加，获得到每个采样和调查点的地貌类型信息等重要内容。通过收集地貌类型分区图可以大大降低调查时的工作量，并提高地貌信息获取的准确度。

地貌类型分区图是根据地貌类型将辖区内农田进行分区，并根据第二次土壤普查分类系统绘制而成，也可从当地地质部门获取。参见《县域耕地资源管理信息系统数据字典》。

（七）第二次土壤普查农化样点点位图

从第二次土壤普查成果资料中，寻找当时农化样点采集的具体地点或经、纬度坐标。

（八）肥力普查采样点点位图

如果当地近几年进行过土壤肥力普查，要收集到此图，并尽可能收集到每一个采样点的经、纬度坐标。

（九）土壤养分图

收集包括第二次土壤普查获得的土壤养分图及测土配方施肥新绘制的土壤养分图（1∶50 000）。

（十）地下水位等值线图

收集抚顺市地下水位等值线图（1∶50 000），通常包括地下水位深度等数据。

（十一）农作物种植分区图

收集农作物种植分区图（1：50 000），包括种植制度和作物布局及产量情况等数据，是耕地地力评价的主要依据。农作物种植分区图可从农业区划部门获取。

二、数据及文本资料

（一）县、乡、村名编码表

参照《县域耕地资源管理信息系统数据字典》中编码规则，建立一套最新、最准、最全的县内行政区划代码表，提供的所有资料中均采用本代码，已经有编码的资料应编写代码对照表，该资料最终由县级民政部门确认。

（二）土壤类型代码表

参照《县域耕地资源管理信息系统数据字典》中编码规则，建立一套土壤类型代码表，请保持土壤志中分类系统表、土壤图图例、典型剖面理化性状统计表、农化样数据表等资料的一致。

（三）近三年种植情况

统计水稻、玉米等农作物单产、总产、种植面积资料（以村为单位）。

（四）农村及农业生产基本情况资料

统计县、乡、村土地情况、人口情况、农作物布局、国民生产总值等。

（五）第二次土壤普查土壤农化样采样点基本情况及化验结果数据

（六）土壤肥力普查土壤采样点基本情况及化验结果数据

（七）土壤志、土种志

三、资料处理

对所收集的各种资料，在进行完整性、可靠性检查及筛选、分类的基础上，按照耕地地力评价因素进行整理与归档，为数据库的建立奠定基础。

（一）资料核实

严格核实资料数据，要求数据来源可靠、计量单位统一，剔除明显不符合实际和特殊的极值。

（二）资料整理

（1）根据耕地自然质量影响因素的空间差异，初步划分指标区，并按区对资料进行分类整理，重点是图件、数据资料整理。

（2）根据村级单位耕地指定作物产出状况，初步划分土地利用系数等值区。

（3）根据村级单位农用地指定作物投入状况，初步划分土地经济系数等值区。

（4）对不能满足分等工作要求的资料应做好记录，以便进行外业补充调查。

（三）数据标准化

1. 数值型字段

规范数据单位、字段名称、字段格式等。

2. 文本型字段

规范字段名称、字段格式、字段内容等。

（四）资料归类整理

资料收集工作完成以后，责成专人按耕地自然条件资料、耕地利用条件资料（含样点产量调查资料）、耕地经济条件资料（含样点投入调查资料、耕地区位条件与耕作便利条件资料）和其他资料的顺序，进行相应资料的名称和提供单位的登记，并编制各类单项资料所含内容目录，为后期的应用做好了准备。

（五）资料管理制度

耕地地力评价工作历时较长，作业环节多，基础资料的使用频率高。为了防止资料使用积压、损坏或遗失，在工作过程中，建立了资料保管、使用制度，指定专人管理，责任落实到人，保证资料不丢失、不损坏，并能及时为农用地分等作业提供所需依据。

(六) 资料核实

在资料整理的过程中，对资料数据严格核实，做到数据来源可靠、计量单位统一，并剔除不符合实际和特殊的极值。对未收集到的资料及时地进行补充收集；对不能满足评价工作需要的资料做好记录，以便进行外业补充调查。

(七) 资料的复制工作

在资料整理阶段，及时做好资料的复制工作，以备存档、作业和验收时使用。

第六章

县域耕地资源数据库建立

第一节　准备工作

用现代耕地资源管理理论和方法，结合 GIS 技术，在第二次土壤普查资料基础上，通过实地调查对大量数据进行补充，用 GIS 软件建立了抚顺市 1∶50 000 耕地资源数据库。并在此基础上选取坡度、灌溉保证率、剖面构型、岩石露头率、排水条件、有效土层厚度、质地、pH、有机质、碱解氮、有效磷、速效钾和有效锌13 个要素作为评价指标。根据模糊数学理论，采用特尔菲法、层次分析法和加法模型计算出耕地地力综合指数，运用等距分级法形成耕地地力等级。

一、系统数据源

本系统开发目的是对耕地地块及采样点数据、土壤图及养分因子专题图进行管理，因此数据源大致如下：

（一）土壤资源专业信息

收集抚顺市土壤图及其各种养分图件、土地利用现状图、辖区行政区划等基础图件以及土壤志、土种志等相关文字材料；制定地块采样计划，进行土壤采样，并针对县域实际进行相关指标测定与分析，为后期耕地地力评价做好充分和可靠的数据来源准备。

（二）基础地理信息

主要是收集抚顺市的道路、河流、居民地等基础地理信息。这部分信息的配置要满足两个尺度的要求：一是全区范围的电子地图，比例尺一般为 1∶25 万；二是针对县级的 1∶50 000 电子地图。前者可以作为采样点数据管理的背景地图，但需要配置乡镇界数据以及居民点数据，进一步提高系统应用性能。

其他多媒体信息。在本系统中有大量的多媒体信息，如采样点的照片、典型地区的录像资料、典型剖面点的照片等。多媒体文件通过系统数据窗口和专门的播放工具展示，如采样点照片和典型剖面照片通过数据管理窗口展示；录像资料通过媒体播放器展示，能够大大提高系统的直观性，便于对农户进行指导。

二、系统设计的技术路线

本数据库系统经过数据采集、数据输入、计算机矢量化、语言编程等过程，在农业部推荐的土壤资源管理系统平台下，进行了数据库的系统化设计，建立了抚顺市（五区）耕地地力评价数据库管理系统。技术路线图如图 6 - 1 所示。

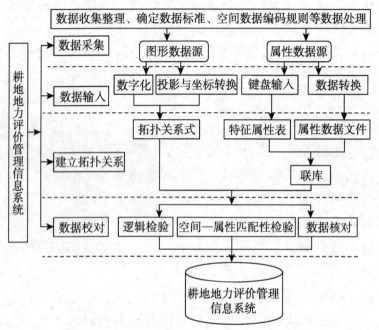

图 6 - 1　耕地地力评价管理系统技术路线

第二节　耕地地力评价数据库管理系统的建立

一、主界面设计

本系统主界面采用农业部推荐的土壤资源管理系统平台的标准界面，包括标题栏、主菜单栏、工具栏，中

图6-2 耕地地力评价管理系统主界面

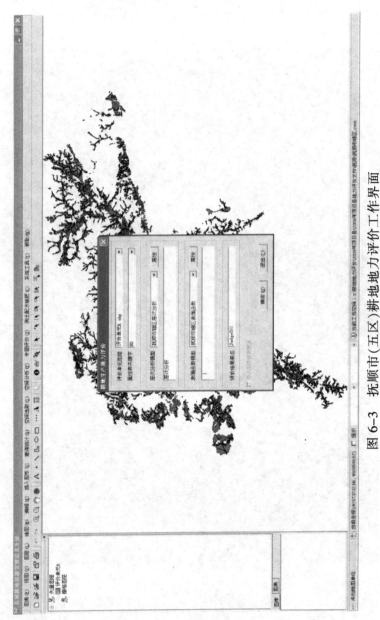

图 6-3 抚顺市 (五区) 耕地地力评价工作界面

间是系统主背景电子地图、下面是状态栏。菜单和工具中包括调用系统的基本功能以及开发的地力评价功能模块。系统界面的最大特点是简洁明快，实用性强。

二、电子地图设计

本系统在农业部推荐土壤资源数据库管理系统平台下设计了包括显示阅读，属性查询，属性、图形数据的输入、输出、更新、管理以及耕地地力评价管理等功能在内的交互式电子地图。对其设计主要包括图层和数据表结构设计。

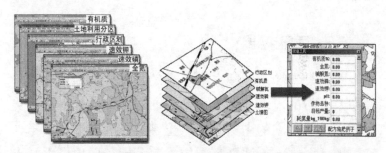

图 6－4　系统资源中部分电子地图图层及属性提取示意图

表 6－1　抚顺市（五区）土壤图主要图层和数据表结构

序号	主要图层名称	主要数据表结构
1	注记	ID、COAD、GB
2	图例	图例表格、图例文字
3	色带	ID、面积、长度、COAD
4	省/市/县级符号	ID、COAD、GB

（续）

序号	主要图层名称	主要数据表结构
5	省/市/县界	ID、面积、长度、COAD
6	采样点符号	编号、位置、养分含量、照片
7	铁路/公路	ID、长度、COAD
8	居民点	名称、权属、面积
9	河流水域	ID、面积、长度、COAD
10	养分因子图斑	图斑编号、速效钾等级、图斑面积
11	土壤类型图斑	土壤名称、类型代码、图斑编号、面积
12	海域	ID、面积、长度、COAD

（一）图层设计

图层是专题地图建立和管理的基础，耕地地力评价管理系统中的电子地图是由多个图层相互叠加而成的集合。本系统建立的图层主要有土壤类型分布图层、土地利用现状图层、行政区划图层、养分因子图层及采样点分布和地力分级图层等，并将图层相互叠加建立了专题电子地图。

（二）数据表结构设计

数据表是系统工具的基本管理对象。系统中电子地图是由不同数据表结构相互组合，构成了不同类型的图层，再相互叠加形成的集合。因此，对其合理及全面的设计将会提升系统运行的效率，也便于基层工作人员工作的有效性。本系统设计主要的数据表如表 6-2、表6-3、表6-4、表6-5所示。

表6-2 乡镇行政代码表

字段代码	字段名称	数据类型	长度	备注
CountyCode	县区代码	varchar	20	
TownCode	乡镇代码	varchar	20	
TownName	乡镇名称	varchar	50	

表6-3 采样点与土壤图属性可选因子维护表结构

字段代码	字段名称	数据类型	长度	备注
ID	编号	Int	4	自动递增
FIELDNAME	因子名称	varchar	20	
FIELDVALUE	因子值	varchar	200	

表6-4 地类代码表结构

字段代码	字段名称	数据类型	长度	备注
SOILCODE	地类代码	varchar	10	
SOILNAME	地类名称	varchar	50	
REMARK	释义	Text	16	

表6-5 "统一编号"与"采样单位"因素表结构

字段名称	字段代码	数据类型	长度	备注
县区代码	CountyCode	varchar	20	
统一编号	A01	varchar	50	
采样类别	A02	varchar	50	
调查组号	A03	varchar	50	
采样序号	A04	varchar	50	
采样点照片编号	A05	varchar	50	
媒体文件编号	A06	varchar	50	
采样日期	A07	varchar	50	
上次采样日期	A08	varchar	50	
单位名称	A09	varchar	50	
联系人	A10	varchar	50	
电话	A11	varchar	50	
传真	A12	varchar	50	
Email	A13	varchar	50	
采样调查人	A14	varchar	50	
照片路径	A15	varchar	1000	

（三）功能模块设计

本系统的结构略图及功能模块示意图如图6-5所示。

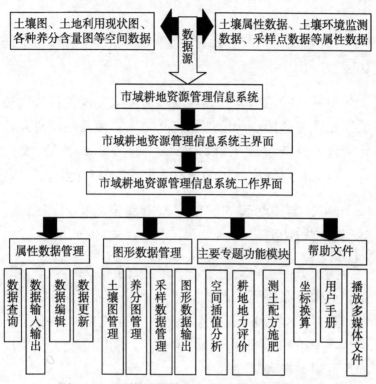

图 6-5 系统的结构框架及功能模块示意图

第三节 数据库主要功能简介

耕地地力评价管理信息系统的建立，能够实现对土壤资源数据的有效编辑、管理、分析、评价。专题功能模块的构建满足了用户对属性数据、图形数据的管理，实现了地块单元评价、采样点数据的更新与管理，满足了基层测土配方施肥的需要，以及养分状况变化的动态监测。

（一）实现对属性数据的输入、输出等编辑和管理功能

本系统的数据输入和输出功能可以完成各种属性表的编辑和专题图层的添加和删除。为方便基层用户的日常管理，系统设计了能够将 EXCEL 和 Shapefile 文件导入以及将数据库导出为 EXCEL 等文件功能。

（二）实现图层的更新以及对图形数据进行输入、输出等编辑功能

为了方便用户动态更新、加载和卸载图层，以及利用布局输出大幅面挂图的需求，系统保留了"打开表""新建布局""SQL 选择"等地图控制功能。设置了图层选项菜单和图形插入、编辑菜单，能够方便、快捷地进行数据编辑和管理。

（三）实现对属性和图形数据的查询功能

为了方便用户对数据的管理，本系统设置了查询统计功能，可以利用 SQL 语句进行目标查询，通过统计计算得到相应的统计表和统计图。

（四）利用专题功能模块实现对土壤资源信息的管理

1. 空间插值与空间分析模块

此功能模块的设立，能够实现对数据的统计分析功

能，实现对采样数据的现势性分析、应用，满足用户对采样数据的空间插值分析，实现地块的动态评价与动态监测。

2. 耕地地力专题评价模块

该模块主要是将各属性数据和图形数据进行相互运算，综合运用地力评价的方法，通过系统强大的运算与处理功能，对评价单元进行合理打分、分级，指导决策者合理农业布局，为农户提供一手地力资料。

3. 测土配方施肥模块

测土配方施肥是基于地块下的土壤养分状况的平衡管理，土壤采样点可以综合的反映某区域地块土壤的综合性状。该模块主要是对插值后的采样数据进行管理，针对地块养分状况，生成有针对性地施肥方案，指导农户进行合理施肥与耕作，实现对采样点和地块的有效管理。

此外，本系统还设计了系统工具和帮助菜单，能够提供用户所需的基本小功能模块，如计算器、坐标换算、用户手册和多媒体播放等。

总之，本系统综合了土壤类型区域分布、养分因子的动态监测、地块土壤肥料管理、耕地地力专题评价等功能，宏观上有利于农业的布局，微观上有助于土壤培肥、植物病害的防治以及满足农户施肥耕作的需要，有利于基层专项耕地地力评价的管理，满足土壤资源信息化的科技推广的需要。

第七章

耕地地力评价过程

第一节 耕地地力评价的主要技术流程

耕地地力评价有许多不同的内涵和外延，即使对同一个特定的定义，耕地地力评价也有不同的方法，所以确定方法对开展调查至关重要。本次调查采用的评价流程也是国内外相关项目和研究中应用较多、相对比较成熟的方法，更是立足于现有资料和技术水平的前提之下的。其简要的技术流程如下：

第一步：利用 3S 技术，收集整理所有相关历史数据资料和测土配方施肥数据资料，采用多种方法和技术手段，以县为单位建立耕地资源基础数据库。

第二步：从国家和省级耕地地力评价体系中，在省级专家技术组的主持下，吸收县级专家参加，结合各地实际，选择全区的耕地地力评价指标。一般来说，一个县选 8～12 个评价指标就可以了。

第三步：利用数字化的标准的县级土壤图和土地利

用现状图，确定评价单元。评价单元不宜过细过多，要进行综合取舍和其他技术处理。一般一个中等规模土壤类型不太复杂的县可以划分 1 500 个左右评价单元。

第四步：建立县域耕地资源信息系统。全国将统一提供系统平台软件，各地只需要按照统一的要求，将第二次土壤普查及相关的图件资料和数据资料数字化，建立规范的数据库，并将空间数据库和属性数据库建立连接，用统一提供的平台软件进行管理。

第五步：这一步实际上有 3 个方面的内容，即对每个评价单元进行赋值、标准化和计算每个因素的权重。不同性质的数据，赋值的方法不同。

第六步：进行综合评价并纳入到国家耕地地力等级体系中去。耕地地力评价技术流程如图 7-1 所示。

第二节　确定耕地地力评价指标

一、选择评价指标的原则

耕地地力评价实质是评价地形地貌、土壤理化性状等自然要素对农作物生长限制程度的强弱。选取评价指标时应遵循以下几个原则：

选取的因子对耕地地力有比较大的影响，如地形因素、土壤因素、土壤管理等。

选取的因子在评价区域内的变异较大，便于划分耕

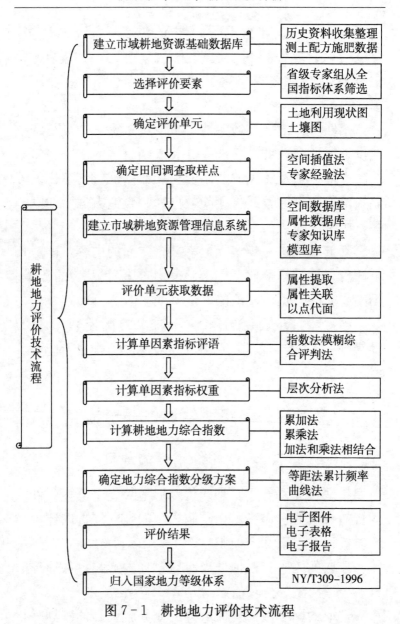

图 7-1 耕地地力评价技术流程

地地力的等级。如在地形起伏较大的区域，地面坡度对耕地地力有很大影响，必须列入评价项目之中；再如有效土层厚度是影响耕地生产能力的重要因素，在多数地方都应列入评价指标体系。

选取的评价因素在时间序列上具有相对的稳定性，如土壤的质地、有机质含量等，评价的结果能够有较长的有效期。

选取评价因素与评价区域的大小有密切的关系。当评价区域很大（如国家或省级的耕地地力评价）时，气候因素（降雨、无霜期等）就必须作为评价因素，而对小区或点位的耕地质量进行评价时，气候因素变化较小或没有变化，可以不作为参评因子。

二、选取评价指标

根据耕地地力评价因子总集（农业部《测土配方施肥技术规范（试行）修订稿》），遵循对耕地地力有较大影响、因子在评价区域内的变异较大、在时间序列上具有相对稳定性、与评价区域的大小有密切关系等原则，集中专家智慧，通过专家技术组会议商议，选取耕地地力评价因子。选择了 4 大类、13 个指标作为耕地地力评价的依据，形成了适合抚顺市（五区）的耕地地力评价指标体系（图 7-2）。

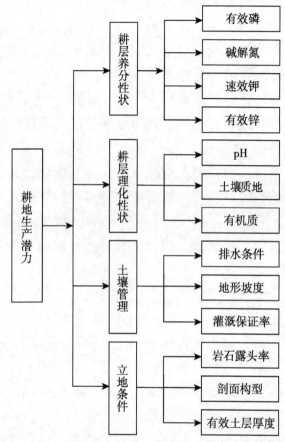

图 7-2 抚顺市（五区）耕地地力评价指标体系

第三节 确定评价单元

耕地地力评价单元是具有专门特征的耕地单元，在评价系统中是用于制图的区域；在生产上用于实际的农事管理，是耕地地力评价的基础。因此，科学确定耕地地力评价单元是做好耕地地力评价的关键。

在确定评价单元时主要应用土壤图、土地利用现状图等基础图件。为便于生产实际以及测土配方施肥的开展，本次评价单元选取土地利用现状图（1∶10 000）中的耕地图斑作为基础评价单元。

第四节　评价单元赋值

基本评价单元图的每个图斑都必须有参与评价指标的属性数据。我们舍弃直接从键盘输入参评因子值的传统方式，采取将评价单元与各专题图件叠加采集各参评因素的信息，具体做法：①按唯一标识原则为评价单元编号；②生成评价信息空间库和属性数据库；③从图形库中调出评价因子的专题图，与评价单元图进行叠加；④保持评价单元几何形状不变，直接对叠加后形成的图形属性库进行操作，以评价单元为基本统计单位，按面积加权平均汇总评价单元各评价因素的值。由此，得到图形与属性相连的，以评价单元为基本单位的评价信息，为后续耕地地力的评价奠定了基础。

根据不同类型数据的特点，可以采用以下几种途径为评价单元获取数据：

1. 点位图

通过野外调研和室内分析，可以获得大量的样点指标数据，建立空间和属性数据库，并形成点位分布图。

对于数值型指标，如 pH、有机质、有效铁等，可以先进行插值形成栅格图，再与评价单元图叠加后采用加权统计的方法给评价单元赋值。

对于概念性指标，如有效土层厚度、土壤质地、剖面构型、岩石露头率等，可以用以点带面的方式，即直接用样点的属性对其所坐落的评价单元进行赋值。如果评价单元内无采样点，这时可以参考离其最近的评价单元，同时需考虑土壤类型、种植作物、地形条件等；如果评价单元内有 2 个以上（包括 2 个）的采样点，就得考虑这些采样点中这个指标的所占的数量百分比和评价单元内样点分布情况，同时参考周围评价单元实际情况。

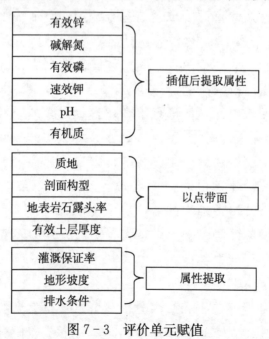

图 7-3　评价单元赋值

2. 矢量图

对于矢量图，如灌溉保证率和排水条件等指标，可直接与评价单元图叠加，再采用加权统计的方法为评价单元赋值。

3. 等值线图

对于等值线图，先采用地面高程模型生成栅格图，再与评价单元图叠加后采用分区统计的方法给评价单元赋值。如地形坡度、积温、降雨等。

抚顺市（五区）评价单元赋值如图 7-3 所示。

第五节　单因素指标评价法原理及其表达

一、模糊评价法基本原理

耕地是在自然因素和人为因素共同作用下形成的一种复杂的自然综合体，它受时间、空间因子的制约。在现阶段，这些制约因子的作用还难以用精确的数字来表达。同时，耕地质量本身在"好"与"不好"之间也无截然的界限，这类界限具有模糊性，因此，可以用模糊评价法来计算单因素评价评语。

模糊数学的概念与方法在农业系统数量化研究中得到广泛的应用。模糊子集、隶属函数与隶属度是模糊数学的三个重要概念。一个模糊性概念就是一个子集，模糊子集 A 的取值为 $0\sim1$ 中间的任一数值（包括两端的 0 与 1）。隶属度是元素 x 符合这个模糊性概念的程度。

完全符合时隶属度为 1，完全不符合时为 0，部分符合即取 0 与 1 之间的中间值。而隶属函数 $\mu A（x）$ 是表示元素 x_i 与隶属度 μ_i 之间的解析函数。根据隶属函数，对于每个 x_i 都可以算出对应的隶属度 μ_i。

应用模糊子集、隶属函数与隶属度的概念，可以将农业系统中大量模糊性的定性概念转化为定量的表示。对不同类型的模糊子集，可以建立不同类型的隶属函数关系。

二、单因素指标评语表达

根据模糊数学的理论，我们将选定的评价指标与耕地地力之间的关系分为戒上型函数、戒下型函数、峰值型函数、直线型函数以及概念型函数五种类型的隶属函数。

（一）戒上型函数模型

$$y_i = \begin{cases} 0 & u_i \leqslant u_t \\ 1/\left[1 + a_i\left(u_i - c_i\right)^2\right] & u_i < c_i, \quad (i = 1, 2, \cdots, m) \\ 1 & u_i \geqslant c_i \end{cases}$$

式中，y_i 为第 i 个因素评语；u_i 为样品观测值；c_i 为标准指标值；a_i 为系数；u_t 为指标下限值。

（二）戒下型函数模型

$$y_i = \begin{cases} 0 & u_t \leqslant u_i \\ 1/\left[1 + a_i\left(u_i - c_i\right)^2\right] & u_i > c_i, \quad (i = 1, 2, \cdots, m) \\ 1 & u_i \geqslant c_i \end{cases}$$

式中，u_t 为指标上限值。

(三) 峰值型函数模型

$$y_i = \begin{cases} 0 & u_i < u_{t1} \text{ 或 } u_i > u_{t2} \\ 1/\left[1 + a_i\,(u_i - c_i)^2\right] & u_{t1} < u_i < u_{t2}, \\ & (i = 1, 2, \cdots, m) \\ 1 & u_i = c_i \end{cases}$$

式中，u_{t1}、u_{t2} 分别为指标上、下限值。

(四) 直线型函数模型

$$y_i = au_i + b$$

式中，a 为系数，b 为常数。

(五) 概念型指标

这类指标的性状是定性的、综合性的、与耕地生产能力之间是一种非线性的关系，如地貌类型、土壤剖面构型、质地等。这类要素的评价可采用特尔菲法直接给出隶属度。

对于前四种类型的隶属函数，可以用特尔菲法对一组实测值评估出相应的一组隶属度，并根据这两组数据拟和出隶属函数，也可以根据唯一差异原则，用田间试验的方法获得测试值与耕地地力的一组数据，用这组数据直接拟和隶属函数。对于抚顺市五区主要采取前一种方法拟和隶属函数，具体步骤如下（以 pH 为例）：

第一，专家评估。

表 7 – 1 土壤 pH 隶属度值

pH	7.20	7.00	6.775	6.55	6.325	6.10	5.875	5.65	5.425	5.2
评估值	0.96	1.00	0.95	0.89	0.82	0.74	0.65	0.55	0.47	0.42

第二，用统计软件计算出参数 a、c。

$a=0.404\,792$；$c=7.059\,445$

第三，进行显著性检验。

第四，得到 pH 隶属函数。

$Y=1/\left[1+0.404\,792\,(u-c)^2\right]$；$c=7.059\,445$；

$u_{t1}=4.97$，$u_{t2}=7.52$

应用以上模糊评价法进行单因子评价，计算出各评价因子的隶属度（表 7 – 2）。

表 7 – 2 抚顺市（五区）耕地地力评价指标隶属函数汇总表

函数类型	项 目	隶属函数	c	ut
戒上型	碱解氮 (mg/kg)	$Y=1/\left[1+1.627\times10^{-3}\,(u-c)^2\right]$	143.917 4	77.205
戒上型	有效磷 (mg/kg)	$Y=1/\left[1+5.64\times10^{-4}\,(u-c)^2\right]$	86.841 41	7.6
戒上型	速效钾 (mg/kg)	$Y=1/\left[1+1.062\times10^{-3}\,(u-c)^2\right]$	107.229 4	39.32
戒上型	有效锌 (mg/kg)	$Y=1/\left[1+0.693\,035\,(u-c)^2\right]$	3.227 405	0.55
戒上型	有机质 (g/kg)	$Y=1/\left[1+5.121\,7\times10^{-2}\,(u-c)^2\right]$	26.109 04	15.08
峰型	pH	$Y=1/\left[1+0.404\,792\,(u-c)^2\right]$	7.059 445	$ut_1=4.97,$ $ut_2=7.52$
概念型	剖面构型			
概念型	排水条件			

（续）

函数类型	项　目	隶属函数	c	ut
概念型	地表岩石露头率			
概念型	表层质地			
概念型	有效土层厚度			
概念型	地形坡度			
概念型	灌溉保证率			

表 7 - 3　概念评价指标汇总

评价因素	描述	隶属度
表层质地	壤土	1
	黏土	0.8
	沙土	0.6
	砾质土	0.4
剖面构型	通体壤	1
	壤/黏/壤	0.8
	壤/黏/黏	0.75
	壤/沙/壤	0.7
	壤/沙/沙	0.65
	通体黏	0.45
	黏/沙/沙	0.45
	通体沙	0.4
	通体砾	0.3

（续）

评价因素	描述	隶属度
	≥60cm	1
有效土层厚度	30～60cm	0.7
	<30cm	0.3
	<2°	1
	2°～5°	0.9
地形坡度	5°～8°	0.8
	8°～15°	0.6
	≥15°	0.3
岩石露头率	<2%	1
	2%～10%	0.8
	排水体系健全	1
排水条件	排水体系基本健全	0.8
	排水体系一般	0.6
	无排水体系	0.4
	充分满足	1
灌溉保证率	基本满足	0.8
	无灌溉条件	0.4

第六节 各评价因子权重的确定

计算单因素权重可以有多种方法，如主成分分析法、多元回归分析法、逐步回归分析法、灰色关联分析法、层次分析法等。我们主要采用层次分析法计算单因素权重。

一、层次分析法基本原理

层次分析法的基本原理是把复杂问题中的各个因素按照相互之间的隶属关系排成从高到低的若干层次，根据对一定客观现实的判断就同一层次相对重要性相互比较的结果，决定该层次各元素重要性先后次序。

用层次分析法作系统分析，首先要把问题层次化，根据问题的性质和要达到的总目标，将问题分解为不同的组成因素，并按照因素间的相互关联影响以及隶属关系将各因素按不同层次聚合，形成一个多层次的分析结构模型，并最终把系统分析归结为最低层（供决策的方案、措施等）相对于最高层（总目标）的相对重要性权值的确定或相对优劣次序的排序问题。

在排序计算中，每一层次的因素相对上一层次某一因素的单排序问题又可简化为一系列成对因素的判断比较。为了将比较判断定量化，层次分析法引入 1~9 比率标度方法，并写成矩阵形式，即构成所谓的判断矩阵。形成判断矩阵后，即可通过计算判断矩阵的最大特征根及其对应的特征向量，计算出某一层元素相对于上一层次某一个元素的相对重要性权值。在计算出某一层次相对于上一层次各个元素的单排序权重值后，用上一层次因素本身的权重加权综合，即可计算出某层因素相对于上一层整个层次的相对重要性权值，即层次总排序权值。这样，依次由上而下即可计算出最低层因素相对于最高层的相对重要性权值或相对优劣次序的排序值。决策者根据对系统的这种数量分析，进行决策、政策评价、选择方案、制定和修改计划、分配资源、决定需求、预测结局、找到解决冲突的方法等。

这种将思维过程数学化的方法，不仅简化了系统分析和计算，还有助于决策者保持其思维过程的一致性。在一般的决策问题中，决策者不可能给出精确的比较判断，这种判断的不一致性可以由判断矩阵的特征根的变化反映出来。因此，我们引入了判断矩阵最大特征根以外的其余特征根的负平均值作为一致性指标，用以检查和保持决策者判断思维过程的一致性。

二、判断矩阵标度

层次分析法的信息基础主要是人们对于每一层次中各因素相对重要性给出的判断。这些判断通过引入合适的标度用数值表示出来，写成判断矩阵。判断矩阵表示针对上一层次某因素，本层次与之有关因子之间相对重要性比较。假定 A 层因素中 ak 与下一层次中 B_1，B_2，…，B_n 有联系，构造的判断矩阵一般采取表 7 - 4 的形式。判断矩阵标度及其含义如表 7 - 4、表 7 - 5 所示。

表 7－4　判断矩阵形式

ak	B_1	B_2	$\cdots$	B_n
B_1	b_{11}	b_{12}	$\cdots$	b_{1n}
B_2	b_{21}	b_{22}	$\cdots$	b_{2n}
$\cdots$	$\cdots$	$\cdots$	$\cdots$	$\cdots$
B_n	b_{n1}	b_{n2}	$\cdots$	b_{nn}

表 7－5　判断矩阵重要性标度及其含义

标度	含　义
1	表示两个因素相比，具有同样重要性
3	表示两个因素相比，一个因素比另一个因素稍微重要
5	表示两个因素相比，一个因素比另一个因素明显重要
7	表示两个因素相比，一个因素比另一个因素强烈重要
9	表示两个因素相比，一个因素比另一个因素极端重要
2，4，6，8	上述两相邻判断的中值
倒数	表示因素 i 与因素 j 比较得判断 B_{ij}，则因素 j 与因素 i 比较得 $b_{ji}=1/b_{ij}$

三、层次分析法的基本步骤

（一）建立层次结构模型

在深入分析所面临的问题之后，将问题中所包含的因素划分为不同层次，如目标层、准则层、指标层、方案层、措施层等，用框图形式说明层次的递阶结构与因素的从属关系。当某个层次包含的因素较多时（如超过9个），可将该层次进一步划分为若干子层次。

根据省内资深专家研讨会的结果，从全国耕地地力评价指标体系框架中选择了13个要素作为抚顺市（五区）耕地地力评价的指标，并根据各个要素间的关系构造了层次结构模型（图7-4）。

（二）构造判断矩阵

判断矩阵元素的值反映了人们对各因素相对重要性（或优劣、偏好、强度等）的认识，一般采用1～9及其倒数的标度方法。当相互比较因素的重要性能够用具有实际意义的比值说明时，判断矩阵相应元素的值则可以取这个比值。

请省内各位资深专家比较同一层次各因素对上一层次的相对重要性，给出数量化的评估。专家们评估的初步结果经合适的数学处理后（包括实际计算的最终结果——组合权重）反馈给各位专家，请专家重新修改或确认。经多轮反复最终形成层次结构模型的判断矩阵，如表7-6、表7-7、表7-8、表7-9和表7-10所示。

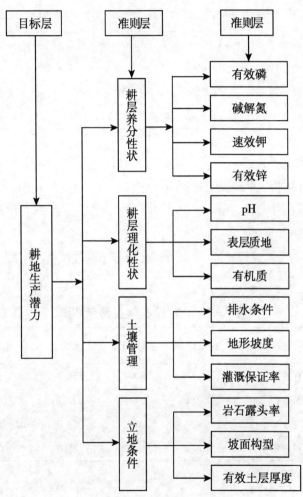

图 7-4　耕地地力评价层次结构模型

表7-6 层次结构模型判断矩阵

耕地生产潜力	耕层养分性状	耕层理化性状	土壤管理	立地条件
耕层养分性状	1.000 0	0.769 2	0.666 7	0.571 4
耕层理化性状	1.300 0	1.000 0	0.869 6	0.740 7
土壤管理	1.500 0	1.150 0	1.000 0	0.854 7
立地条件	1.750 0	1.350 0	1.170 0	1.000 0

特征向量：$[0.180\ 2，0.234\ 2，0.269\ 8，0.315\ 7]$

最大特征根为：4.000 0

$CI = -3.86\text{E} - 06$；$RI = 0.90$；$CR = CI/RI = 4.29\text{E} - 06 < 0.1$

一致性检验通过，此判断矩阵的权数分配是合理的。

表7-7 层次结构模型判断矩阵

耕层养分性状	有效锌	速效钾	有效磷	碱解氮
有效锌	1.000 0	0.800 0	0.666 7	0.571 4
速效钾	1.250 0	1.000 0	0.833 3	0.714 3
有效磷	1.500 0	1.200 0	1.000 0	0.854 7
碱解氮	1.750 0	1.400 0	1.170 0	1.000 0

特征向量：$[0.181\ 8，0.227\ 3，0.272\ 5，0.318\ 4]$

最大特征根为：4.000 0

$CI = -1.41\text{E} - 06$；$RI = 0.90$；$CR = CI/RI = 1.57\text{E} - 06 < 0.1$

一致性检验通过，此判断矩阵的权数分配是合理的。

表 7－8　层次结构模型判断矩阵

耕层理化性状	pH	质地	有机质
pH	1.000 0	0.666 7	0.400 0
表层质地	1.500 0	1.000 0	0.588 2
有机质	2.500 0	1.700 0	1.000 0

特征向量：[0.199 7，0.297 6，0.502 6]

最大特征根为：3.000 0

$CI = 2.01E － 05$；$RI = 0.58$；$CR = CI/RI = 3.471E－05 < 0.1$

一致性检验通过，此判断矩阵的权数分配是合理的。

表 7－9　层次结构模型判断矩阵

土壤管理	排水条件	坡度	灌溉保证率
排水条件	1.000 0	0.800 0	0.666 7
地形坡度	1.250 0	1.000 0	0.833 3
灌溉保证率	1.500 0	1.200 0	1.000 0

特征向量：[0.266 7，0.333 3，0.400 0]

最大特征根为：3.000 0

$CI=1.67E-06$；$RI=0.58$；$CR=CI/RI=2.87E-06<0.1$

一致性检验通过，此判断矩阵的权数分配是合理的。

表 7 - 10　层次结构模型判断矩阵

立地条件	岩石露头率	剖面构型	有效土层厚度
岩石露头率	1.000 0	0.800 0	0.571 4
剖面构型	1.250 0	1.000 0	0.714 3
有效土层厚度	1.750 0	1.400 0	1.000 0

特征向量：[0.250 0，0.312 5，0.437 5]

最大特征根为：3.000 0

$CI=-5.00E-06$；$RI=0.58$；$CR=CI/RI=8.62E-06<0.1$

一致性检验通过，此判断矩阵的权数分配是合理的。

（三）层次单排序及其一致性检验

建立比较矩阵后，就可以求出各个因素的权重值。采取的方法是用和积法计算出各矩阵的最大特征向量根 λmax 及其对应的特征向量 W，并用 $CR=CI/RI$ 进行一致性检验。特征向量 W 就是各个因素的权重值。随机一致性指标 RI 值如表 7 - 11 所示。

表7-11 随机一致性指标 *RI* 值

n	1	2	3	4	5	6	7	8	9	10	11
RI	0	0	0.58	0.9	1.12	1.24	1.32	1.41	1.45	1.49	1.51

（四）层次总排序

计算同一层次所有因素对于最高层（总目标）相对重要性的排序权重值，称为层次总排序。这一过程是最高层次到最低层次逐层进行的。

表7-12 抚顺市（五区）层次总排序

层次 A	耕层养分性	耕层理化性	土壤管理	立地条件	组合权重
	0.177 0	0.247 9	0.265 2	0.309 9	$\sum C_i A_i$
有效锌	0.181 8				0.032 8
速效钾	0.227 3				0.040 9
有效磷	0.272 5				0.049 1
碱解氮	0.318 4				0.057 4
pH		0.199 7			0.046 8
表层质地		0.297 6			0.069 7
有机质		0.502 6			0.117 7
排水条件			0.266 7		0.072 0
地形坡度			0.333 3		0.089 9
灌溉保证率			0.400 0		0.107 9
地表岩石率				0.250 0	0.078 9
剖面构型				0.312 5	0.098 7
有效土层厚度				0.437 5	0.138 1

（五）层次总排序的一致性检验

这一步骤也是从高到低逐层进行的。类似地，当 $CR < 0.10$ 时，认为层次总排序结果具有满意的一致性，否则需要重新调整判断矩阵的元素取值。

层次总排序的一致性检验：

$CI = 3.33E - 06$；$RI = 0.64$；$CR = CI/RI = 5.23E - 06 < 0.1$

第七节　计算耕地地力综合指数

采用累加法计算每个评价单元的综合地力指数（Integrated Fertility Index，IFI）。

$$IFI = \Sigma F_i C_i$$

式中，IFI 为耕地地力综合指数；F_i 为第 i 个因素评语；C_i 为第 i 个因素的组合权重。

第八章

耕地地力等级划分结果

第一节 耕地地力等级划分

本次耕地地力分析，按照农业部耕地质量调查和评价的规程及相关标准，结合当地实际情况，选取了对耕地地力影响较大，区域内变异明显，在时间序列上具有相对稳定性，与农业生产有密切关系的 13 个因素，建立评价指标体系。以土地利用现状图中的耕地图斑作为评价单元，应用模糊综合评判方法，通过综合分析，将全区耕地共划分为 5 个等级，根据评价结果进行耕地地力的系统分析。根据综合地力指数分布，采用累积曲线法，根据样点分布的频率，确定分级方案，划分地力等级，绘制耕地地力等级图（表 8-1、图 8-1）。

表 8-1　耕地地力综合指数分等标准

等级	IFI	面积（hm²）	比例（%）
一	≥0.82	2 744.82	7.19

（续）

等级	IFI	面积（hm²）	比例（%）
二	0.72～0.82	8 765.92	22.96
三	0.63～0.72	12 087.08	31.66
四	0.46～0.63	13 664.15	35.78
五	<0.46	920.34	2.41

第二节　评价结果检验

耕地地力评价涉及相互关联的许多自然要素和部分人为因素，这些要素有些是可以定量的，如土壤有机质、碱解氮、速效钾等含量，还有一些要素是定性的、模糊的，如土壤质地、灌溉保证率、排涝能力等。在评价时，这些要素的描述一般是通过专家的经验或应用某种数量化方法转换为定量的描述。在确定每个要素对地力的贡献时，也依赖于专家经验。由于专家认识程度的分歧以及数学方法的局限，第一轮评价结果与耕地的实际生产能力难免会发生一定的偏差，这时就需要对评价结果与实地进行符合性检查。从检查结果来看，全区80%（数量比）以上的评价单元有较高的符合度，说明评价结果总体上能够较好地体现当地的真实地力状况；而对于另外与实际有所出入的20%的评价单元，我们通过后期对评价体系的反复修正，绝大部分评价单元能够体现当地的实际水平，最后形成抚顺市（五区）地力

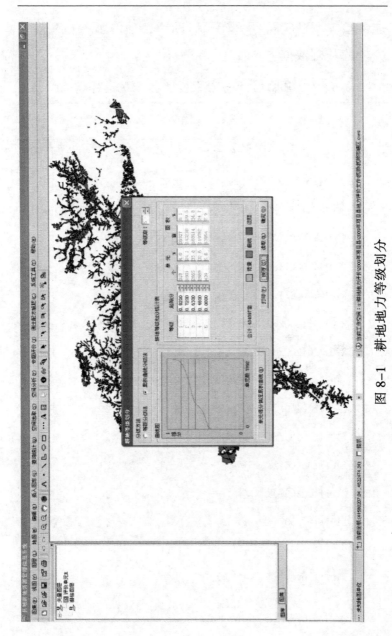

图 8-1　耕地地力等级划分

评价结果，此评价结果作为后期综合地力等级和各指标分析的基础数据。

表 8-2　耕地地力评价结果校核表（部分评价单元）

序号	单元编号	村名	面积（hm²）	区地力等级	校核结果
1	21011101300701	大甸村	0.32	4	正确
2	21011101300801	大甸村	0.55	4	正确
3	21011101300702	上哈达村	10.01	2	正确
4	21011100401114	上哈达村	14.38	2	正确
5	21011100401102	上哈达村	10.99	2	正确
6	21011100401119	上汉村	2.11	3	正确
7	21011101200209	阿及村	0.24	4	正确
8	21011101200201	阿及村	0.87	4	正确
9	21011100800104	阿及村	4.69	4	正确
10	21011100100729	河青寨村	5.14	2	正确
11	21011100100720	河青寨村	3.26	3	正确
12	21011100100723	李其村	0.35	2	正确
13	21011100200708	李其村	0.89	2	正确
14	21011100200714	驿马村	0.59	5	正确
15	21011100201105	驿马村	1.11	5	正确
16	21011100201103	驿马村	0.87	5	正确
......	......	......	......	......	......

第三节　耕地地力等级与分布

一、耕地地力等级面积汇总

抚顺市（五区）耕地总面积为 38 182.31hm²，各等级耕地比例相对有所差异，其中以四等地为主，占耕地总面积的比例的 35.78%；其次是三等地、二等地，分别占总耕地面积的 31.66%、22.96%；一等地和五等地面积较少，分别占 7.19% 和 2.41%（表 8 - 3、图 8 - 2）。

表 8 - 3　抚顺市（五区）耕地地力评价结果面积统计

等级	一等地	二等地	三等地	四等地	五等地	总计
面积（hm²）	2 744.82	8 765.92	12 087.08	13 664.15	920.34	38 182.31
比例（%）	7.19	22.96	31.66	35.78	2.41	100.00

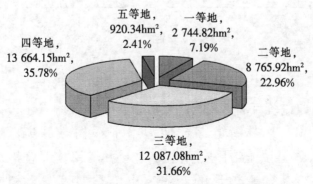

图 8 - 2　抚顺市（五区）耕地地力各等级比例

二、耕地地力空间分布分析

（一）耕地地力等级分布

三等地和四等地所占比例之和超过 2/3，主要分布在高湾经济区、河北乡、会元乡、拉古经济区、碾盘乡、沈东经济区、演武街道、章党经济区、兰山乡、千金乡等地。属于只要加大资金投入，完善基础设施，改善生产条件，产量就能大幅提高的中产田类型，有一定的开发潜力。五等地主要分布在河北乡、演武街道，这部分耕地有效耕层薄，肥力低，基本无灌溉条件，属于低产田类型。

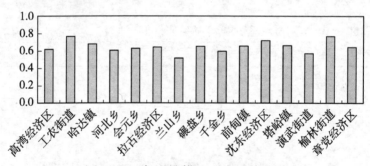

图 8-3　各乡镇耕地地力平均得分

通过统计各乡镇的平均综合得分（图 8-3），可以看出，榆林街道综合地力水平都相对最高，达到了 0.77，最低的是兰山乡，仅为 0.52。综合地力等级的变化随着地形的变化、土壤类型等发生相应的变化。

（二）耕地地力等级的行政区域划分

将耕地地力等级分布图与行政区划图进行叠加分析，从耕地地力等级行政区域分布数据库中，按权属字段检索出各等级的记录，统计出 1～5 等地在各乡镇的分布状况（表 8-4）。

可以看出，高等级地力的一、二等耕地所占比例较高的乡镇为工农街道、塔峪镇、哈达镇、前甸镇、沈东经济区；中等地力的三等级耕地所占比例较高的乡镇为高湾经济区、河北乡、会元乡、拉古经济区、碾盘乡、沈东经济区、演武街道、章党经济区；较低的四、五等耕地所占比例较高的乡镇主要为兰山乡、碾盘乡、千金乡、演武街道、章党经济区、河北乡、演武街道。

表 8-4 抚顺市（五区）耕地地力等级行政区域分布

单位：hm²，%

乡镇名称	统计	一等地	二等地	三等地	四等地	五等地	总计
高湾经济区	面积	19.55	116.11	912.97	282.53	16.54	1 347.7
	比例	1.45	8.62	67.74	20.96	1.23	100.00
工农街道	面积	333.68	31.27	0.03	5.55		370.53
	比例	90.05	8.44	0.01	1.50		100.00
哈达镇	面积	284.75	1 974.88	990.6	1 239.93	3.66	4 493.82
	比例	6.34	43.95	22.04	27.59	0.08	100.00
河北乡	面积	3.07	317.91	806.9	275.91	165.93	1 569.72
	比例	0.20	20.25	51.40	17.58	10.57	100.00

抚顺市（五区）耕地地力评价

乡镇名称	统计	一等地	二等地	三等地	四等地	五等地	总计
会元乡	面积	70.08	692.57	1 568.73	582.98	184.46	3 098.82
	比例	2.26	22.35	50.63	18.81	5.95	100.00
拉古经济区	面积	181.58	788.75	1 279.16	1 078.4	74.61	3 402.5
	比例	5.34	23.18	37.60	31.69	2.19	100.00
兰山乡	面积		45.6	1 738.9	6 084.17	157.71	8 026.38
	比例		0.57	21.66	75.81	1.96	100.00
碾盘乡	面积	329.78	863.72	1 299.83	1 235.08	47.83	3 776.24
	比例	8.73	22.87	34.42	32.71	1.27	100.00
千金乡	面积	33.9	584.54	349.04	1 010.5	60.31	2 038.29
	比例	1.66	28.68	17.12	49.58	2.96	100.00
前甸镇	面积	445.74	1 107.18	921.65	358.03	74.44	2 907.04
	比例	15.33	38.09	31.70	12.32	2.56	100.00
沈东经济区	面积	280.99	728.32	814.51	70.23		1 894.05
	比例	14.84	38.45	43.00	3.71		100.00
塔峪镇	面积	695.58	630.51	463.93	402	33.73	2 225.75
	比例	31.25	28.33	20.84	18.06	1.52	100.00
演武街道	面积		12.84	138.89	148.84	33.81	334.38
	比例		3.84	41.54	44.51	10.11	100.00
榆林街道	面积	32.59	294	5.36			331.95
	比例	9.82	88.57	1.61			100.00
章党经济区	面积	33.53	577.72	796.58	890	67.31	2 365.14
	比例	1.42	24.43	33.68	37.62	2.85	100.00
总计		2 744.82	8 765.92	12 087.08	13 664.15	920.34	38 182.31

第四节 耕地地力等级分述

一、一 等 地

一等地，综合地力指数≥0.82，耕地面积2 744.82 hm²，占耕地总面积的 7.91％，主要分布在碾盘乡、榆林街道、塔峪镇、工农街道等地（图 8-4）。该区处在平原地带，地势平坦、土层深厚，均在 1m 以上，土壤熟化程度很高，内在养分也很高。质地为壤土、黏土和沙土，地下水位 1.5m 以下，结构为团粒，保水、保肥，宜耕性强，养分含量属于上等。该级土壤没有障碍因素，水、肥、气、热协调性好。土壤 pH 一般 5.29～7.34，平均为 5.93；土壤有机质 19.96～29.51g/kg，平均为 24.09g/kg；土壤碱解氮最大值为 150.88mg/kg，最小值为 97.81mg/kg，平均为 126.48mg/kg；土壤有效磷（P_2O_5，下同）最大值为 215.72mg/kg，最小值为 22.39mg/kg，平均为 82.05mg/kg；土壤速效钾（K_2O，下同）最大值为 150.27mg/kg，最小值为 47.56mg/kg，平均为 97.29mg/kg。这些地区灌排条件理想，主要种植玉米和水稻，产量高，为全区主要高产耕地。

本类土壤今后改良利用上的主要问题是进一步培肥土壤，改善水肥条件，增加灌排设施，促进土壤生态系统的良性循环。在施肥上除了增施有机肥料，正确地实行轮作倒茬外，尤其在大量施氮夺高产基础上，注意磷肥和钾肥的施用，以调整氮磷钾比例，也是一项重要的增产措施。

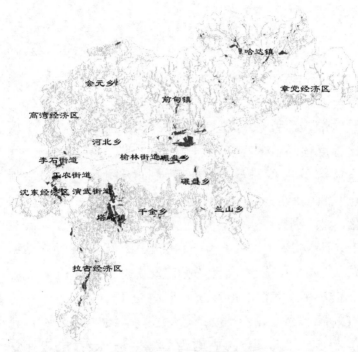

图 8-4 一等地分布

二、二等地

二等地，综合地力指数 0.72～0.82，耕地面积 8 765.92hm²，占耕地总面积的 22.96%。主要分布在哈达镇、前店镇、沈东经济区等（图 8-5）。本级农田特点是土层深厚，养分含量较高，土壤 pH 一般5.05～7.51，平均为 5.87；土壤有机质 15.49～30.17g/kg，平均为 22.88g/kg；土壤碱解氮最大值为 151.81mg/kg，最小值为 77.21mg/kg，平均为 123.11mg/kg；土壤有效磷最大值为 232.63mg/kg，最小值为 17.41mg/kg，平均为 91.74mg/kg；土壤速效钾最大值为 209.61mg/kg，最小值为 53.71mg/kg，平均为 97.62mg/kg。但有一定的限制因素，如有些区域无灌溉条件，如果遇到雨水较少的年份，对农业生产影响也会较大，但总体来说肥力较好，土壤质地较好，是比较不错的土壤类型。

图 8-5 二等地分布

三、三等地

三等地，综合地力指数 0.63～0.72，耕地面积 12 087.08hm²，占耕地总面积的 31.66％。三等地在整个全区都有零星分布，主要集中在高湾经济区、会员乡、拉古经济区、沈东经济区等西部地区（图 8 - 6）。土壤 pH 一般 5.03～7.09，平均为 5.81；土壤有机质在 15.09～30.56g/kg，平均为 21.59g/kg；土壤碱解氮最大值为 153.07mg/kg，最小值为 80.12mg/kg，平

图 8 - 6　三等地分布

均为 116.55mg/kg；土壤有效磷最大值为 26.407mg/kg，最小值为 21.70mg/kg，平均为 98.05mg/kg；土壤速效钾最大值为 215.09mg/kg，最小值为 53.59mg/kg，平均为 98.62mg/kg。肥力属于中等，土壤中的各种障碍因素对农业生产影响较大。

四、四 等 地

四等地，综合地力指数 0.46～0.63，耕地面积 13 664.15hm²，占耕地总面积的 35.78%。四等地在境

图 8-7 四等地分布

内都有零星分布，主要集中在哈达镇、演武街道、拉古经济区等东部和西南部地区（图 8-7）。土壤 pH 一般 5.02～7.52，平均为 5.82；土壤有机质 15.54～31.13g/kg，平均为 21.87g/kg；土壤碱解氮最大值为 155.54mg/kg，最小值为 79.09mg/kg，平均为 121.39mg/kg；土壤有效磷最大值为 261.53mg/kg，最小值为 20.37mg/kg，平均为 99.52mg/kg；土壤速效钾最大值为 188.10mg/kg，最小值为 47.18mg/kg，平均为 93.68mg/kg。这一级土壤共同特征是土质较瘠薄，基本无灌溉条件，田面坡度较大，有一定的岩石露头，土壤中各种障碍因素对农业生产影响较重。

五、五 等 地

五等地，综合地力指数 < 0.46，耕地面积 920.34hm²，占耕地总面积的 2.41%。主要分布在河北乡和演武街道等地（图 8-8）。土壤 pH 一般 4.97～6.71，平均为 5.78；土壤有机质 15.09～24.23g/kg，平均为 19.91 g/kg；土壤碱解氮最大值为 141.77mg/kg，最小值为 78.35mg/kg，平均为 110.87 mg/kg；土壤有效磷最大值为 230.14mg/kg，最小值为 26.96mg/kg，平均为 97.28mg/kg；土壤速效钾最大值为 207.63mg/kg，最小值为 59.61mg/kg，平均为 92.40mg/kg。这一级土壤养分瘠薄，土层浅薄，无灌溉条件，灌溉水源保证差，田面坡度大，岩石露头严重，质地以砾石为主，土壤中各种障碍因素对农业生产影响严重，是作物产量低

的主要原因。开垦利用时要搞好田间水利工程和改土培肥措施。

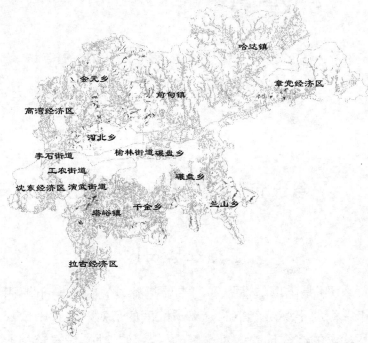

图 8-8　五等地分布

第九章 □□□□□□□□□□□□□

近 28 年土壤 pH、有机质和养分的时空变化简述

第一节 土壤 pH 和有机质的时空变化及分析

一、土壤 pH

pH 是土壤酸性强度的主要指标，它代表与土壤固相平衡的土壤溶液中的氢离子浓度的负对数，是土壤盐基状况的综合反映，对土壤的一系列其他性质有深刻地影响。土壤中有机质的合成与分解，氮、磷等营养元素的转化和释放，微量元素的有效性，土壤保持养分的能力等都与土壤 pH 有关。

(一) 1980 年土壤 pH 的统计分析

1. 全区耕层土壤 pH 的描述性统计分析

全区第二次土壤普查时期耕层土壤 pH 变化范围为 5～8.5。从分级的标准看，当时土壤 pH 为中性水平的

耕地面积最大，所占比例为 83.73％；其次为弱酸性、酸性，分别占耕地面积的 12.05％、3.93％；弱碱性仅占耕地面积的 0.29％。这说明第二次土壤普查时抚顺市（五区）土壤 pH 总体良好，适合大多数作物生长（表 9-1）。

2. 按行政区域统计情况

按照行政区域统计出 1980 年土壤 pH 的分级情况（表 9-2）。耕地土壤 pH 为中性水平的耕地主要分布在拉古经济区、兰山乡、碾盘乡、前甸镇和章党经济区等地；弱酸性土壤除兰山乡和演武街道外，其余乡镇均有分布，比例较大的主要在拉古经济区、沈东经济区和塔峪镇；酸性和弱碱性土壤零星分布于高湾经济区、河北乡、碾盘乡、千金乡等乡镇。

（二）2008 年土壤 pH 的统计分析

1. 全区耕层土壤 pH 的描述性统计分析

全区耕层土壤 pH 变化范围为 4.97～7.52，平均值为 5.83。从分级的标准来看，土壤 pH 为弱酸性的四级，其占耕地总面积的比例最大，为 62.31％；其次是中性水平耕地，占 25.15％；酸性所占比例为 12.53％；强酸性所占比例最小，仅为 0.01％（详见表 9-3）。可见目前耕地土壤 pH 呈现弱酸性。

2. 各乡镇耕层土壤平均 pH 统计

通过统计各乡镇土壤 pH 的平均值（图 9-1）。河北乡的综合 pH 水平最高，为 6.18，处于中性水平；

表 9 - 1　1980 年耕层土壤 pH 分级及面积

级别	一	二	三	四	五	六	七	八	九
水平	极强酸性	强酸性	酸性	弱酸性	中性	弱碱性	碱性	强碱性	极强碱性
范围	<4.5	4.5~5.0	5.0~5.5	5.5~6.0	6.0~7.9	7.9~8.5	8.5~9.0	9.0~9.5	≥9.5
耕地面积（hm²）			1 502.32	4 600.38	31 969.34	110.27			
占总耕地比例（%）			3.93	12.05	83.73	0.29			

表 9 - 2　1980 年耕层土壤 pH 的行政区域分布

单位：hm², %

乡镇名称	统计	一	二	三	四	五	六	七	八	九	总计
高湾经济区	面积			41.68	84.23	1 193.64	28.15				1 347.7
	比例			3.09	6.25	88.57	2.09				100.00
工农街道	面积			309.73		60.8					370.53
	比例			83.59		16.41					100.00
哈达镇	面积				372.02	4 121.8					4 493.82

（续）

乡镇名称	统计	一	二	三	四	五	六	七	八	九	总计
哈达镇	比例				8.28	91.72					100.00
河北乡	面积			153.41	62.09	1 342.52	11.7				1 569.72
	比例			9.77	3.96	85.52	0.75				100.00
会元乡	面积			745.63	449.99	1 903.2					3 098.82
	比例			24.06	14.52	61.42					100.00
拉古经济区	面积				509.97	2 892.53					3 402.5
	比例				14.99	85.01					100.00
兰山乡	面积					8 026.38					8 026.38
	比例					100.00					100.00
碾盘乡	面积			320.95	367.51	3 061.86	25.92				3 776.24
	比例			8.50	9.73	81.08	0.69				100.00
千金乡	面积			231.53	201.82	1 584.09	20.85				2 038.29
	比例			11.36	9.90	77.72	1.02				100.00

（续）

乡镇名称	统计	一	二	三	四	五	六	七	八	九	总计
前甸镇	面积			3.99	421.52	2 481.53					2 907.04
	比例			0.14	14.50	85.36					100.00
沈东经济区	面积				702.42	1 167.98	23.65				1 894.05
	比例				37.09	61.66	1.25				100.00
塔峪镇	面积			5.13	993.97	1 226.65					2 225.75
	比例			0.23	44.66	55.11					100.00
演武街道	面积					334.38					334.38
	比例					100.00					100.00
榆林街道	面积				49.12	282.83					331.95
	比例				14.80	85.20					100.00
章党经济区	面积				75.99	2 289.15					2 365.14
	比例				3.21	96.79					100.00
总计				1 502.32	4 600.38	31 969.34	110.27				38 182.31

表 9 - 3 2008 年耕层土壤 pH 分级及面积

级别	一	二	三	四	五	六	七	八	九
水平	极强酸性	强酸性	酸性	弱酸性	中性	弱碱性	碱性	强碱性	极强碱性
范围	<4.5	4.5~5.0	5.0~5.5	5.5~6.0	6.0~7.9	7.9~8.5	8.5~9.0	9.0~9.5	≥9.5
耕地面积（hm²）	3.75	4 784.93	23 790.28	9 603.35					
占总耕地比例（%）	0.01	12.53	62.31	25.15					

会元乡次之；前甸镇最低，仅为 5.52，为弱酸性。这与所处地理位置和周围的自然环境即地形坡度、灌排条件和土壤类型有密切关系。

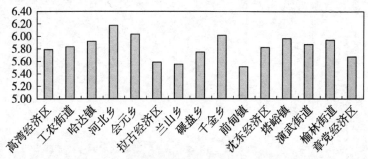

图 9-1　2008 年各乡镇耕地土壤平均 pH 统计

3. 按行政区域统计情况

按照行政区域统计出土壤 pH 的分级情况（表 9-4）。耕地土壤 pH 为中性水平的耕地主要分布在哈达镇、会元乡和千金乡；弱酸性土全区都有分布，比例较大的主要在哈达镇、兰山乡和碾盘乡；pH 在 5.0~5.5 的酸性土壤主要分布在拉古经济区、兰山乡和前甸镇；强酸性土只在前甸镇有零星分布。

（三）近 28 年土壤 pH 的变化情况分析

通过分析，我们统计出近 28 年（五区）耕地土壤 pH 的变化情况（表 9-5、图 9-2）。

经分析发现，从 1980 年第二次土壤普查时期到 2008 年的近 28 年，处于弱碱性水平的耕地面积减少了 110.27hm^2，中性水平的耕地面积大幅减少，减少了

表9-4 2008年耕层土壤 pH 的行政区域分布

单位：hm², %

乡镇名称	统计	一	二	三	四	五	六	七	八	九	总计
高湾经济区	面积			55.48	1 123.24	168.98					1 347.7
	比例			4.12	83.34	12.54					100.00
工农街道	面积				366.98	3.55					370.53
	比例				99.04	0.96					100.00
哈达镇	面积			625.2	1 811.72	2 056.9					4 493.82
	比例			13.91	40.32	45.77					100.00
河北乡	面积				387.68	1 182.04					1 569.72
	比例				24.70	75.30					100.00
会元乡	面积			39.81	1 113.03	1 945.98					3 098.82
	比例			1.28	35.92	62.80					100.00
拉古经济区	面积			1 236.31	1 981.2	184.99					3 402.5
	比例			36.34	58.22	5.44					100.00

（续）

乡镇名称	统计	一	二	三	四	五	六	七	八	九	总计
兰山乡	面积			1 182.4	6 843.98						8 026.38
	比例			14.73	85.27						100.00
碾盘乡	面积			61.29	3 304.13	410.82					3 776.24
	比例			1.62	87.50	10.88					100.00
千金乡	面积				814.12	1 224.17					2 038.29
	比例				39.94	60.06					100.00
前甸镇	面积		3.75	1 101.65	1 096.31	705.33					2 907.04
	比例		0.13	37.90	37.71	24.26					100.00
沈东经济区	面积				1 754.66	139.39					1 894.05
	比例				92.64	7.36					100.00
塔峪镇	面积			14.87	1 051.64	1 159.24					2 225.75
	比例			0.67	47.25	52.08					100.00
演武街道	面积				261.2	73.18					334.38
	比例				78.11	21.89					100.00

（续）

乡镇名称	统计	一	二	三	四	五	六	七	八	九	总计
榆林街道	面积				261.44	70.51					331.95
	比例				78.76	21.24					100.00
章党经济区	面积			467.92	1 618.95	278.27					2 365.14
	比例			19.78	68.45	11.77					100.00
总计			3.75	4 784.93	23 790.28	9 603.35					38 182.31

表 9 - 5　近 28 年耕层土壤 pH 变化情况分析

级别	一	二	三	四	五	六	七	八	九
水平	极强酸性	强酸性	酸性	弱酸性	中性	弱碱性	碱性	强碱性	极强碱性
范围	<4.5	4.5~5.0	5.0~5.5	5.5~6.0	6.0~7.9	7.9~8.5	8.5~9.0	9~9.5	≥9.5
1980年面积（hm²）			1 502.32	4 600.38	31 969.34	110.27			
2008年面积（hm²）		3.75	4 784.93	23 790.28	9 603.35				
近28年变化（hm²）		3.75	3 282.61	19 189.90	-22 365.99	-110.27			

22 365.99hm²，处于弱酸性水平的耕地面积大幅增加，增加了 19 189.90hm²，处于酸性和强酸性水平的耕地面积分别增加了 3 282.61hm² 和 3.75 hm²。耕地土壤的酸化趋势明显。产生这一现象的原因与化肥的常年施用有关，尤其是生理酸性肥料和半腐熟有机肥料的大量施用。

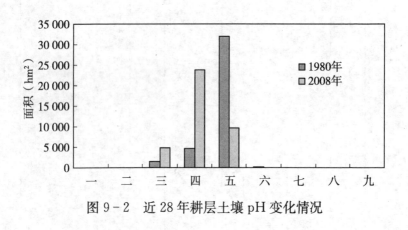

图 9-2 近 28 年耕层土壤 pH 变化情况

（四）土壤酸碱性的调节

对于不适宜作物生长的过酸或过碱的土壤，应该因地制宜地采取适当措施，进行调节和改良，使其适合高产作物生长发育的需要。

1. 土壤碱性的调节

调节土壤碱性的方法主要有以下几种：

（1）施用有机肥料。利用有机肥分解释放出的大量 CO_2、有机酸降低土壤 pH。

（2）施用硫黄、硫化铁及废硫酸或黑矾（$FeSO_4$）等。利用它们在土壤中氧化或水解产生硫酸，硫酸再中和碳酸钠或胶体上钠离子造成的碱性。

（3）对碱化土、碱土，可施用石膏、硅酸钙。以钙将土壤胶体上的钠代换下来，并随水排出，从而降低土壤的 pH，改善土壤的理化性状。

2. 土壤酸性的调节

土壤酸性主要由胶体吸附的交换性 H^+ 离子和 Al^{3+} 离子所控制，在改良土壤酸性时，不仅要中和活性酸，更重要的是中和潜性酸，才能从根本上改良酸性的大小。通常以施用石灰或石灰粉来调节改良。

二、土壤有机质

有机质是土壤的重要组成部分，土壤的许多属性，都直接或间接地与有机质有关。有机质具有养分全面、肥效持久的功效，能提供作物生长发育所需要的氮、磷、钾和各种中、微量元素等养分。它还可以改善和调节土壤的物理性状，因此土壤有机质是土壤肥力的重要标志之一。

（一）1980 年土壤有机质含量的统计分析

1. 全区耕层土壤有机质含量的描述性统计分析

从统计结果看，二普时期（1980 年）土壤有机质含量处于丰富级别以上的一、二级地所占比例较少，占 9.26%；处于中等级别的三级地所占比例为 12.13%；

处于四级（较缺）占耕地总面积的 52.81％；处于缺乏级别以下的五、六级地所占比例达到 25.8％。说明当时耕地土壤有机质含量总体水平较低（表 9-6）。

表 9-6 1980 年耕层土壤有机质含量分级及面积

级别	一	二	三	四	五	六
水平	很丰富	丰富	中等	较缺乏	缺乏	很缺
范围 (g/kg)	≥40.0	30.0～40.0	20.0～30.0	10.0～20.0	6.0～10.0	<6.0
耕地面积 (hm²)	1 444.94	2 092.18	4 632.71	20 160.04	9 818.32	34.12
占总耕地比例 (%)	3.78	5.48	12.13	52.81	25.71	0.09

2. 按行政区域统计情况

按照行政区域统计出 1980 年土壤有机质的分级情况（表 9-7）。可以看出，当时一级（很丰富）地主要分布在哈达镇和会元乡等地；二级（丰富）地主要分布在工农街道、河北乡和碾盘乡等地；三级（中等）地主要分布在碾盘乡、前甸镇和沈东经济区等地；四级（较缺乏）地主要分布在哈达镇、兰山乡和章党经济区等地；五级（缺乏）地主要分布在哈达镇和兰山乡等地；六级（很缺乏）地仅在塔峪镇有少量分布。

表 9-7　1980年耕层土壤有机质含量的行政区域分布

单位：hm²，%

乡镇名称	统计	一	二	三	四	五	六	总计
高潮经济区	面积	17.5	20.02	221.91	1 003.97	84.3		1 347.7
	比例	1.30	1.49	16.46	74.49	6.26		100.00
工农街道	面积	2.86	330.55	1.49	35.1	0.53		370.53
	比例	0.77	89.22	0.40	9.47	0.14		100.00
哈达镇	面积	708.81		301.03	2 468.66	1 015.32		4 493.82
	比例	15.77		6.70	54.94	22.59		100.00
河北乡	面积	96.75	258.27	361.07	841.93	11.7		1 569.72
	比例	6.16	16.45	23.00	53.64	0.75		100.00
会元乡	面积	195.9	440.81	421.24	1 969.86	71.01		3 098.82
	比例	6.32	14.23	13.59	63.57	2.29		100.00

（续）

乡镇名称	统计	一	二	三	四	五	六	总计
拉古经济区	面积	37.93		82.4	2 434.43	847.74		3 402.5
	比例	1.11		2.42	71.55	24.92		100.00
兰山乡	面积	20.86		57.91	2 648.91	5 298.7		8 026.38
	比例	0.26		0.72	33.00	66.02		100.00
碾盘乡	面积	110.23	390.33	607.33	1 941.69	726.66		3 776.24
	比例	2.92	10.34	16.08	51.42	19.24		100.00
千金乡	面积		97.38	171.35	974.09	795.47		2 038.29
	比例		4.78	8.41	47.78	39.03		100.00
前甸镇	面积	151.65	237.96	860.68	1 348.38	308.37		2 907.04
	比例	5.22	8.19	29.61	46.37	10.61		100.00
沈东经济区	面积	3.75	92.86	858.97	540.13	398.34		1 894.05
	比例	0.20	4.90	45.35	28.52	21.03		100.00

（续）

乡镇名称	统计	一	二	三	四	五	六	总计
塔峪镇	面积		32.46	292.66	1 819.32	47.19	34.12	2 225.75
	比例		1.46	13.15	81.74	2.12	1.53	100.00
演武街道	面积			110.06	100.45	123.87		334.38
	比例			32.91	30.04	37.05		100.00
榆林街道	面积	67.16	184.2	80.59				331.95
	比例	20.23	55.49	24.28				100.00
章党经济区	面积	31.54	7.34	204.02	2 033.12	89.12		2 365.14
	比例	1.33	0.31	8.63	85.96	3.77		100.00
总计		1 444.94	2 092.18	4 632.71	20 160.04	9 818.32	34.12	38 182.31

（二）2008 年土壤有机质含量的统计分析

1. 全区耕层土壤有机质含量的描述性统计分析

全区耕层土壤有机质含量变化范围为 15.09～31.13g/kg，平均为 22.00g/kg。土壤有机质分级及面积统计见表 9-8。可以看出，全区 87.92％的耕地土壤有机质含量处于中等水平，12.07％的耕地处于较缺乏水平，仅有 0.01％的耕地处于丰富水平。说明土壤有机质总体含量中等。

表 9-8　2008 年耕层土壤有机质含量分级及面积

级别	一	二	三	四	五	六
水平	很丰富	丰富	中等	较缺乏	缺乏	很缺
范围（g/kg）	≥40.0	30.0～40.0	20.0～30.0	10.0～20.0	6.0～10.0	<6.0
耕地面积（hm²）		3.66	33 570.2	4 608.45		
占总耕地比例（％）		0.01	87.92	12.07		

2. 各乡镇耕层土壤有机质平均含量统计

通过统计各街道土壤有机质含量的平均值（图 9-3）可以看出，耕层土壤有机质含量总体水平不高，有机质总体含量最高的王纲街道，也仅达到了 24.53g/kg，处于中等水平；最低的是高湾经济区，为

19.59g/kg。

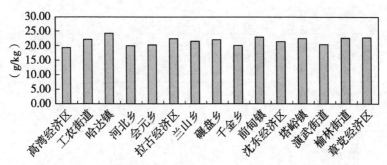

图 9 - 3　2008 年各乡镇耕地土壤有机质平均含量统计

3. 按行政区域统计情况

按照行政区域统计出土壤有机质的分级情况（表9 - 9）。有机质含量处于中等水平的三级地在哈达镇、拉古经济区、兰山乡和碾盘乡相对分布较大；有机质含量处于较缺乏水平的四级地在会元乡和千金乡分布较大；有机质含量处于丰富水平的地仅分布在哈达镇。

表 9 - 9　2008 年耕层土壤有机质含量的行政区域分布

单位：hm²,％

乡镇名称	统计	一	二	三	四	五	六	总计
高湾经济区	面积			781.36	566.34			1 347.7
	比例			57.98	42.02			100.00
工农街道	面积			370.53				370.53
	比例			100.00				100.00
哈达镇	面积		3.66	4 490.16				4 493.82
	比例		0.08	99.92				100.00

抚顺市（五区）耕地地力评价

（续）

乡镇名称	统计	一	二	三	四	五	六	总计
河北乡	面积			886.5	683.22			1 569.72
	比例			56.48	43.52			100.00
会元乡	面积			2 114.79	984.03			3 098.82
	比例			68.25	31.75			100.00
拉古经济区	面积			3 375.52	26.98			3 402.5
	比例			99.21	0.79			100.00
兰山乡	面积			7 780.86	245.52			8 026.38
	比例			96.94	3.06			100.00
碾盘乡	面积			3 465.2	311.04			3 776.24
	比例			91.76	8.24			100.00
千金乡	面积			919.26	1 119.03			2 038.29
	比例			45.10	54.90			100.00
前甸镇	面积			2 891.64	15.4			2 907.04
	比例			99.47	0.53			100.00
沈东经济区	面积			1 799.05	95			1 894.05
	比例			94.98	5.02			100.00
塔峪镇	面积			2 156.13	69.62			2 225.75
	比例			96.87	3.13			100.00
演武街道	面积			209.03	125.35			334.38
	比例			62.51	37.49			100.00
榆林街道	面积			331.95				331.95
	比例			100.00				100.00

（续）

乡镇名称	统计	一	二	三	四	五	六	总计
章党经济区	面积			1 998.22	366.92			2 365.14
	比例			84.49	15.51			100.00
总计		3.66	33 570.2	4 608.45				38 182.31

（三）近28年土壤有机质含量的变化情况分析

通过对比分析，我们统计出近28年全区耕地土壤有机质含量的变化情况（表9－10、图9－4）。

表9－10　近28年耕层土壤有机质含量变化情况分析

级别	一	二	三	四	五	六
水平	很丰富	丰富	中等	较缺乏	缺乏	很缺
范围（g/kg）	≥40.0	30.0～40.0	20.0～30.0	10.0～20.0	6.0～10.0	<6.0
1980年面积（hm²）	1 444.94	2 092.18	4 632.71	20 160.04	9 818.32	34.12
2008年面积（hm²）		3.66	33 570.2	4 608.45		
近28年变化（hm²）	−1 444.94	−2 088.52	28 937.49	−15 551.6	−9 818.32	−34.12

经分析，在近28年，土壤有机质含量都出现了向中等水平集中的趋势。土壤有机质含量的这种变化趋势

与人们的田间管理和耕作方式有密切关系。

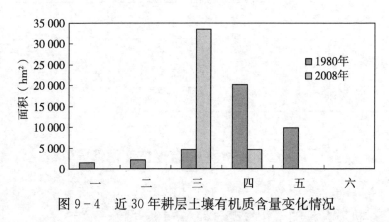

图 9-4　近 30 年耕层土壤有机质含量变化情况

（四）增加土壤有机质含量的措施

土壤肥力在很大程度上取决于土壤有机质的含量，为培育具有高水平肥力的土壤，必须使耕地土壤有机质得到保持和不断提高。实行秸秆直接还田或过腹还田，实施沃土工程、粮肥轮作、间作等措施，增施有机肥料，增加土壤有机质。

第二节　土壤速效养分的时空变化及分析

一、土壤碱解氮

土壤中铵态氮和硝态氮称速效氮，通常用碱解扩散法检测其含量，又称碱解氮，它的含量水平常作为衡量供氮强度的指标。

（一）耕层土壤碱解氮含量的描述性统计分析

全区土壤碱解氮含量的变化范围为 77.21 ～ 155.54mg/kg，平均为 119.79mg/kg。土壤碱解氮分级及面积统计见表 9 - 11。可以看出，处于很丰富的一级水平的耕地占耕地总面积 0.25％；丰富的二级水平的耕地占耕地总面积 58.02％；中等的三级水平的耕地占耕地总面积的 39.94％；处于较缺乏的四级水平的耕地占耕地总面积的 1.79％。说明目前耕地土壤碱解氮总体含量处于一个较丰富的水平。

表 9 - 11 2008 年耕层土壤碱解氮含量分级及面积

级别	一	二	三	四	五	六
水平	很丰富	丰富	中等	较缺乏	缺乏	很缺
范围（mg/kg）	≥150	120～150	90～120	60～90	30～60	<30
耕地面积（hm²）	97.03	22 149.89	15 251.63	683.76		
占总耕地比例（％）	0.25	58.02	39.94	1.79		

（二）各乡镇耕层土壤碱解氮平均含量统计

图 9 - 5 是各乡镇土壤碱解氮平均含量的统计结果，可以看出，哈达镇的总体碱解氮含量最高，达到了

133.42mg/kg，处于丰富水平；其次为碾盘乡；最低的是河北乡，为 97.96mg/kg，处于中等水平。

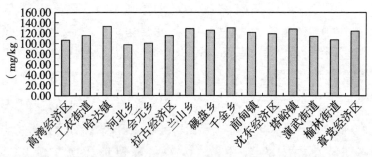

图 9-5　2008 年各乡镇耕地土壤碱解氮平均含量统计

（三）按行政区域统计情况

按照行政区域统计出土壤碱解氮含量的分级情况（表 9-12）。土壤碱解氮含量处于很丰富的一级水平仅在哈达镇有零星分布；处于丰富的二级水平除榆林街道外都有所分布；处于中等的三级水平在各地都有分布；含量处于四级（较缺乏）的仅分布在高湾经济区、河北乡和会元乡。

表 9-12　2008 年耕层土壤碱解氮含量的行政区域分布

单位：hm²,%

乡镇名称	统计	一	二	三	四	五	六	总计
高湾经济区	面积		1.56	1 335.17	10.97			1 347.7
	比例		0.12	99.07	0.81			100.00
工农街道	面积		1.18	369.35				370.53

（续）

乡镇名称	统计	一	二	三	四	五	六	总计
工农街道	比例		0.32	99.68				100.00
哈达镇	面积	97.03	3 993.59	403.2				4 493.82
	比例	2.16	88.87	8.97				100.00
河北乡	面积		20.79	1 358.84	190.09			1 569.72
	比例		1.32	86.57	12.11			100.00
会元乡	面积		137.07	2 479.05	482.7			3 098.82
	比例		4.42	80.00	15.58			100.00
拉古经济区	面积		789.11	2 613.39				3 402.5
	比例		23.19	76.81				100.00
兰山乡	面积		7 189.73	836.65				8 026.38
	比例		89.58	10.42				100.00
碾盘乡	面积		2 327.93	1 448.31				3 776.24
	比例		61.65	38.35				100.00
千金乡	面积		2 023.25	15.04				2 038.29
	比例		99.26	0.74				100.00
前甸镇	面积		1 284.25	1 622.79				2 907.04
	比例		44.18	55.82				100.00
沈东经济区	面积		832.86	1 061.19				1 894.05
	比例		43.97	56.03				100.00
塔峪镇	面积		1 909.83	315.92				2 225.75
	比例		85.81	14.19				100.00
演武街道	面积		71.36	263.02				334.38

（续）

乡镇名称	统计	一	二	三	四	五	六	总计
演武街道	比例		21.34	78.66				100.00
榆林街道	面积			331.95				331.95
	比例			100.00				100.00
章党经济区	面积		1 567.38	797.76				2 365.14
	比例		66.27	33.73				100.00
总计		97.03	22 149.89	15 251.63	683.76			38 182.31

（四）作物缺氮症状及调节

因氮易从较老组织运输到幼嫩组织中再利用，首先从下部叶片开始黄化，逐渐扩展到上部叶片，黄叶脱落提早。株型也发生改变，瘦小、直立，茎秆细瘦。根量少、细长而色白。侧芽呈休眠状态或枯萎，花和果实少。成熟提早，产量、品质下降。土壤缺氮时具体措施如下：①种植豆科作物，增加土壤氮素的积累。②增施有机肥和实行秸秆还田，调节土壤 C/N，加速土壤有机氮的转化。③氮肥与磷、钾肥配合施用。④施用方法合理：一是氮肥应深施覆土，以减少氮肥的挥发损失及反硝化作用；二是确定合理的施肥时期，30%～50%用做追肥。⑤合理灌溉，施用尿素切忌大水漫灌。

二、土壤有效磷（P_2O_5）

磷和氮一样，也是植物不可缺少的主要营养元素。

植物的细胞核和原生质中部含有磷，如果缺少磷素营养，细胞的形成就受到限制。磷素能促进作物根系发达，增强对营养的吸收能力，促进分枝、分蘖，缩短生育期，茎秆坚硬，抵抗病虫害，提高农产品质量。

土壤中的磷素主要来源于成土母质、有机质和施用含有磷素的肥料。

耕层土壤中的磷一般以无机磷和有机磷两种形态存在。土壤有效磷包括土壤溶液中易溶性磷酸盐、土壤胶体吸附的磷酸根离子和易硫化的有机磷，也称之为土壤有效磷，约占土壤总磷量的10%左右。土壤有效磷含量是土壤肥力水平的重要指标。

（一）耕层土壤有效磷含量现状分析

全区土壤有效磷含量的变化范围为17.41～264.07mg/kg，平均为96.32mg/kg。土壤有效磷分级及面积统计情况见表9-13。可以看出，目前全区各乡镇绝大部分耕地土壤有效磷均处于丰富级别以上。

表9-13　2008年耕层土壤有效磷含量分级及面积

级别	一	二	三	四	五	六
水平	很丰富	丰富	中等	较缺乏	缺乏	很缺
范围 (mg/kg)	≥40.0	20.0～40.0	10.0～20.0	5.0～10.0	3.0～5.0	<3.0
耕地面积 (hm²)	34 027.27	4 153.16	1.88			

（续）

级别	一	二	三	四	五	六
占总耕地比例（%）	89.12	10.88	0.00			

（二）各乡镇耕层土壤有效磷平均含量统计

图 9-6 是各乡镇土壤有效磷平均含量的统计结果，可以看出，千金乡的总体有效磷含量最高，达到了 178.26mg/kg；最低的是兰山乡，为 43.34mg/kg。均处于很丰富水平。

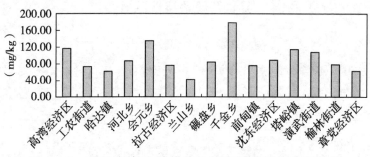

图 9-6　2008 年各乡镇耕地土壤有效磷平均含量统计

（三）按行政区域统计情况

按照行政区域统计出土壤有效磷含量的分级情况（表 9-14）。可看出各乡镇土壤有效磷含量均以很丰富的一级水平为主，其中有一半以上的乡镇土壤有效磷含量全部为一级水平。

表 9-14 2008 年耕层土壤有效磷含量的行政区域分布

单位：hm²，%

乡镇名称	统计	一	二	三	四	五	六	总计
高湾经济区	面积	877.19	470.51					1 347.7
	比例	65.09	34.91					100.00
工农街道	面积	370.53						370.53
	比例	100.00						100.00
哈达镇	面积	4 493.82						4 493.82
	比例	100.00						100.00
河北乡	面积	1 482.69	87.03					1 569.72
	比例	94.46	5.54					100.00
会元乡	面积	3 098.82						3 098.82
	比例	100.00						100.00
拉古经济区	面积	3 402.5						3 402.5
	比例	100.00						100.00
兰山乡	面积	5 573.81	2 452.57					8 026.38
	比例	69.44	30.56					100.00
碾盘乡	面积	3 037.45	736.91	1.88				3 776.24
	比例	80.44	19.51	0.05				100.00
千金乡	面积	2 038.29						2 038.29
	比例	100.00						100.00
前甸镇	面积	2 566.29	340.75					2 907.04
	比例	88.28	11.72					100.00
沈东经济区	面积	1 894.05						1 894.05

（续）

乡镇名称	统计	一	二	三	四	五	六	总计
沈东经济区	比例	100.00						100.00
塔峪镇	面积	2 225.75						2 225.75
	比例	100.00						100.00
演武街道	面积	334.38						334.38
	比例	100.00						100.00
榆林街道	面积	331.95						331.95
	比例	100.00						100.00
章党经济区	面积	2 299.75	65.39					2 365.14
	比例	97.24	2.76					100.00
总计		34 027.27	4 153.16	1.88				38 182.31

（四）作物缺磷症状及调节

作物缺磷时植株生长缓慢、矮小、苍老、茎细直立，分枝或分蘖较少，叶小，呈暗绿或灰绿色而无光泽，茎叶常因积累花青苷而带紫红色。根系发育差，易老化。由于磷易从较老组织运输到幼嫩组织中再利用，故症状从较老叶片开始向上扩展。缺磷植物的果实和种子少而小，成熟延迟，产量和品质降低。不同作物缺磷症状有所不同。作物出现缺磷症状要及时进行调控。根据土壤条件合理分配和施用，优先施用在最缺磷的地块，其次施用在中度缺磷地块，对有效磷含量丰富的地块，可以暂时不施或少施磷肥。在缺磷地区为了减少磷在土壤中的固定，提高土壤磷的有效性，可采用以下方法进行调控：①调节土壤酸碱度。在碱性大的土壤，应增施有机肥或绿肥，可降低土壤pH。②增施有机肥料，提高土壤有机质含量。③磷肥宜作基肥施用，作基肥时，开沟或开穴，将磷肥集中放入根系密集层，或将磷肥与有机物一起堆沤，或与有机肥混合施用。

三、土壤速效钾（K_2O）

钾是植物营养三要素之一。钾素对作物生长发育有多方面的作用。凡是收获产品中以淀粉和糖为主要成分的作物如甘薯、马铃薯、果树等施用钾肥，不但产量增加，而且还使产品质量提高。钾素还可防止水分蒸发，促进根系发育，提高作物的抗旱能力；促进作物茎秆纤维素的合成，使茎秆强健，防止倒伏和提高作物抗病能力；对作物体内养分的转化和运输等都有重要作用。

钾素主要来源是土壤中矿物和肥料，如钾长石、云母和草木灰、窑灰、化学钾肥等。

土壤中钾素按化学组成分为矿物钾、非交换性钾、交换性钾和水溶性钾四种。按植物营养的有效性可分为无效钾、缓效性钾和速效性钾。土壤矿物钾一般占全钾量的92%～98%，它在植物营养上不能为植物所吸收利用，属无效钾。非交换性钾即缓效钾，通常占土壤全钾量的2%～8%。是土壤速效钾的储库，它是评价土壤供钾潜力的一个重要指标。速效钾包括交换性钾和水溶性钾，一般占土壤全钾量的 1‰～2‰，可以被植物直接吸收利用。

（一）耕层土壤速效钾含量现状

全区土壤速效钾含量的变化范围为 47.18～215.09mg/kg，平均为 96.37mg/kg。土壤速效钾分级及面积统计情况见表 9-15。可以看出，处于丰富水平以上的耕地仅占 1.06%；处于中等水平的耕地占到了 34.21%；处于较缺乏水平的耕地占 64.68%；处于缺乏水平的耕地仅占 0.05%。可见目前耕地土壤速效钾整体含量处于较缺乏水平。

表 9-15　2008 年耕层土壤速效钾含量分级及面积

级别	一	二	三	四	五	六
水平	很丰富	丰富	中等	较缺乏	缺乏	很缺
范围（mg/kg）	≥200	150～200	100～150	50～100	30～50	<30
耕地面积（hm²）	4.45	400.51	13 061.45	24 696.88	19.02	
占总耕地比例（%）	0.01	1.05	34.21	64.68	0.05	

（二）各乡镇耕层土壤速效钾平均含量统计

图 9-7 是各乡镇土壤速效钾平均含量的统计结果，

可以看出高湾经济区的总体速效钾含量最高，达到了 122.81mg/kg，处于中等水平；其次为拉古经济区；最小的是白清街道，为 75.96mg/kg，处于较缺乏水平。

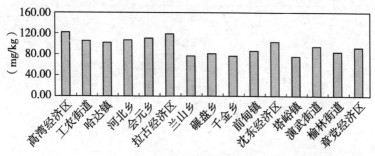

图 9-7　2008 年各乡镇耕地土壤速效钾平均含量统计

（三）按行政区域统计情况

按照行政区域统计出各乡镇土壤速效钾含量的分级情况（表 9-16）。总体来看处于很丰富的耕地仅零星分布于河北乡和会元乡；处于丰富水平的耕地主要集中分布在会元乡；处于中等的三级，除兰山乡、千金乡和榆林街道外，在各乡镇均有分布；处于较缺乏的四级水平在各乡镇均有分布；而处于缺乏的五级水平的耕地仅零星分布于前甸镇和榆林街道。

表 9-16　2008 年耕层土壤速效钾含量的行政区域分布

单位：hm²，%

乡镇名称	统计	一	二	三	四	五	六	总计
高湾经济区	面积		27.39	1 291.61	28.7			1 347.7

抚顺市（五区）耕地地力评价

乡镇名称	统计	一	二	三	四	五	六	总计
高湾经济区	比例		2.03	95.84	2.13			100.00
工农街道	面积			367.63	2.9			370.53
	比例			99.22	0.78			100.00
哈达镇	面积		1.09	2 924.4	1 568.33			4 493.82
	比例		0.02	65.08	34.90			100.00
河北乡	面积	1.49	54.9	861.86	651.47			1 569.72
	比例	0.09	3.50	54.91	41.50			100.00
会元乡	面积	2.96	254.3	1 780.33	1 061.23			3 098.82
	比例	0.10	8.21	57.44	34.25			100.00
拉古经济区	面积		62.83	2 535.07	804.6			3 402.5
	比例		1.85	74.50	23.65			100.00
兰山乡	面积				8 026.38			8 026.38
	比例				100.00			100.00
碾盘乡	面积			143.75	3 632.49			3 776.24
	比例			3.81	96.19			100.00
千金乡	面积				2 038.29			2 038.29
	比例				100.00			100.00
前甸镇	面积			668.67	2 236	2.37		2 907.04
	比例			23.00	76.92	0.08		100.00
沈东经济区	面积			1 591.15	302.9			1 894.05
	比例			84.01	15.99			100.00
塔峪镇	面积			3.38	2 222.37			2 225.75

（续）

乡镇名称	统计	一	二	三	四	五	六	总计
塔峪镇	比例			0.15	99.85			100.00
演武街道	面积			155.78	178.6			334.38
	比例			46.59	53.41			100.00
榆林街道	面积				331.95			331.95
	比例				100.00			100.00
章党经济区	面积			737.82	1 610.67	16.65		2 365.14
	比例			31.20	68.10	0.70		100.00
总计		4.45	400.51	13 061.45	24 696.88	19.02		38 182.31

（四）作物缺钾症状及调节

作物缺钾通常是老叶和叶缘发黄，进而变褐，焦枯似灼烧状。叶片上出现褐色斑点或斑块，但叶中部、叶脉和近叶脉处仍为绿色。随着缺钾程度的加剧，整个叶片变为红棕色或干枯状，坏死脱落。其次是根系发育不良，根细弱，常呈褐色。在氮素充足时，缺钾的双子叶植物的叶子常卷曲而显皱纹，禾本科作物则茎秆柔软易倒伏，分蘖少，抽穗不整齐。作物缺钾要及时进行调控，以保证作物生长期间从土壤中得到充足的速效钾。在土壤管理及施肥措施上，应尽量注意钾被固定和淋失，并千方百计地促进缓效钾的释放。应注意：①对化学钾肥的施用，宜分次、适量，避免一次施用过量，以减少钾被固定和淋失；②施用方法上宜条施或穴施，使钾肥适当集中，减少与土壤的接触面，以提高土壤胶体上交换性钾的饱和度，增加钾的有效性；③实行秸秆还田，增施有机肥料，提高土壤有机质含量水平。

第三节 土壤微量元素的空间变化情况分析

土壤微量元素是指在土壤中含量很低，但作物正常生长发育所不可缺少和不可替代的营养元素。有铜、锌、铁、锰、钼、硼等多种元素。土壤微量元素过低或过高都会引起植物的不良反应。土壤中的微量元素有效态含量是评价土壤微量元素的丰缺指标，它受土壤酸碱度、氧化还原电位、有机质含量等条件的制约。本次耕地地力调查检测分析了铜、锌、铁、锰四种微量元素的含量，为指导农业生产提供了有效的数据。

一、土壤有效铜

铜是酶的成分，为呼吸作用的触媒，参与叶绿素的合成以及糖类与蛋白质的代谢。铜可被一些层状硅酸盐黏土矿物、有机质、铁、铝或锰的氧化物所吸附，特别是铁铝氧化物的吸附力极强。铜还可能被一些矿物结构包被，如黏土矿物，铁、铝或锰的氧化物，这些被包被的铜又可称为闭蓄态铜。表层土壤的可溶性铜主要是有机的络合物。铜和有机物之间的结合是微量元素中最牢固的。

（一）耕层土壤有效铜含量现状

全区土壤有效铜含量的变化范围为 0.94～4.39mg/kg，平均为 2.13mg/kg。土壤有效铜分级及面积统计情况见表 9-17。可以看出，目前 69.72％的耕地有效铜含量普遍处于很高水平，30.26％的耕地处于高水平。说明目前耕地土壤有效铜整体含量很高。

表 9-17　2008 年耕层土壤有效铜含量分级及面积

级别	一	二	三	四	五
水平	很高	高	中等	低	很低
范围（mg/kg）	≥1.8	1.0～1.8	0.2～1.0	0.1～0.2	＜0.1
耕地面积（hm²）	26 621.5	11 554.7	6.11		
占总耕地比例（％）	69.72	30.26	0.02		

（二）各乡镇耕层土壤有效铜平均含量统计

图 9-8 是各乡镇土壤有效铜平均含量的统计结果，可以看出河北乡的总体有效铜含量很高，达到了 2.70mg/kg；其次为高湾经济区；最低的是拉古经济区，为 1.50mg/kg，处于高水平。

（三）按行政区域统计情况

按照行政区域统计出各乡镇土壤有效铜含量的分级

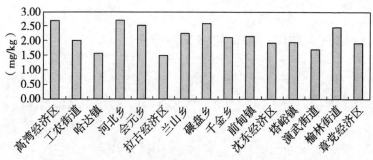

图 9-8　2008 年各乡镇耕地土壤有效铜平均含量统计

情况（表 9-18）。有效铜含量处于很高水平的耕地分布于各乡镇，其中兰山乡、碾盘乡和前甸镇分布面积较大；处于高水平的耕地主要集中在哈达镇和拉古经济区等地；处于中等水平的耕地仅零星分布于拉古经济区。

表 9-18　2008 年耕层土壤有效铜含量的行政区域分布

单位：hm²，%

乡镇名称	统计	一	二	三	四	五	总计
高湾经济区	面积	1 347.7					1 347.7
	比例	100.00					100.00
工农街道	面积	366.36	4.17				370.53
	比例	98.87	1.13				100.00
哈达镇	面积	319.15	4 174.67				4 493.82
	比例	7.10	92.90				100.00
河北乡	面积	1 544.96	24.76				1 569.72
	比例	98.42	1.58				100.00
会元乡	面积	2 744.98	353.84				3 098.82

（续）

乡镇名称	统计	一	二	三	四	五	总计
会元乡	比例	88.58	11.42				100.00
拉古经济区	面积	114.69	3 281.7	6.11			3 402.5
	比例	3.37	96.45	0.18			100.00
兰山乡	面积	7 292.66	733.72				8 026.38
	比例	90.86	9.14				100.00
碾盘乡	面积	3 776.24					3 776.24
	比例	100.00					100.00
千金乡	面积	2 017.34	20.95				2 038.29
	比例	98.97	1.03				100.00
前甸镇	面积	2 384.23	522.81				2 907.04
	比例	82.02	17.98				100.00
沈东经济区	面积	1 315.9	578.15				1 894.05
	比例	69.48	30.52				100.00
塔峪镇	面积	1 282.17	943.58				2 225.75
	比例	57.61	42.39				100.00
演武街道	面积	107.28	227.1				334.38
	比例	32.08	67.92				100.00
榆林街道	面积	331.95					331.95
	比例	100.00					100.00
章党经济区	面积	1 675.89	689.25				2 365.14
	比例	70.86	29.14				100.00
总计		26 621.5	11 554.7	6.11			38 182.31

（四）作物缺铜症状及调控

缺铜植株生长瘦弱，新生叶失绿发黄，呈凋萎干枯状，叶尖发白卷曲，叶缘黄灰色，叶片上出现坏死的斑点，分蘖或侧芽多，呈丛生状，繁殖器官的发育受阻。禾本科作物一般对铜都比较敏感。缺铜时，新叶呈灰绿色，卷曲，发黄，老叶在叶舌处弯曲或折断。叶尖枯萎，叶鞘下部有灰白色斑点，有时扩展成灰色条纹，最后干枯死亡。分蘖多，呈丛生状，分蘖大多不能抽茎成穗，或抽出的穗扭曲畸形，不结实或只有少数瘪粒。果树缺铜，如柑橘、桃树等叶片失绿畸形，枝条弯曲，长瘤状物或斑块。甚至会出现顶梢枯死，并逐渐向下发展，侧芽增多，树皮出现裂纹，并分泌出胶状物。果实小，果实变硬。

在农业生产过程中一定要防治土壤铜元素的缺失，土壤及叶面施肥均有助于铜缺乏的补救，但土壤施肥较普遍，施用铜肥一般用硫酸铜。大田作物如麦类用量 $15\sim30kg/hm^2$，拌泥基施，于拔节前后喷施两次；果树一般采用喷施，结合防病喷洒波尔多液也能见效。由于作物每年吸收的量很少，且淋失量甚微，故施用一次后，可发挥数年的残效，因此不需要每年施用，否则将产生铜毒。

二、土壤有效锌

锌参与了生长素的形成，对蛋白质的合成起催化作用，促进种子成熟。原生矿物和次生矿物溶解提供土壤溶液中最初始的锌，然后土壤溶液中的锌可被吸附到胶体表面，参与微生物体的合成，以及被土壤溶液中的有机物质螯合。植物主要吸收二价锌离子（Zn^{2+}）。土壤溶液中锌的浓度及植物有效性锌的含量与土壤 pH 有关，还与被吸附在黏土矿物和有机胶体表面的锌的量相关。

（一）耕层土壤有效锌含量现状

全区土壤有效锌含量的变化范围为 0.55～5.12mg/kg，平均为 2.09mg/kg。土壤有效锌分级及面积统计情况见表 9-19。可以看出，目前 45.86％的耕地有效锌含量处于高水平，52.56％的耕地处于中等水平，处于低水平的耕地仅占 1.58％。说明目前耕地土壤有效锌整体含量处于中等偏高水平。

表 9-19 2008 年耕层土壤有效锌含量分级及面积

级别	一	二	三	四	五
水平	很高	高	中等	低	很低
范围（mg/kg）	≥5.0	2.0～5.0	1.0～2.0	0.5～1.0	<0.5
耕地面积（hm²）	0.81	17 510.68	20 066.14	604.68	
占总耕地比例（％）	0.00	45.86	52.56	1.58	

（二）各乡镇耕层土壤有效锌平均含量统计

图 9 - 9 是各乡镇土壤有效锌平均含量的统计结果，可以看出沈东经济区的总体有效锌含量最高，达到了 2.99mg/kg；其次为高湾经济区；最低的是碾盘乡，为 1.56mg/kg，处于中等水平。

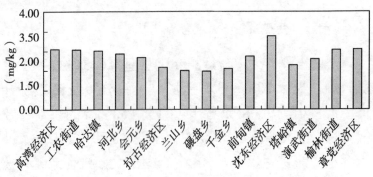

图 9 - 9   2008 年各乡镇耕地土壤有效锌平均含量统计

（三）按行政区域统计情况

按照行政区域统计出各乡镇土壤有效锌含量的分级情况（表 9 - 20）。全区仅前甸镇有极少耕地有效锌含量处于很高水平；有效锌含量处于高水平的耕地在各乡镇均有分布；处于中等水平的耕地除沈东经济区外，在各乡镇街道都有不同程度的分布；有效锌含量处于低水平的耕地分布较少，集中于兰山乡等地。

表 9 - 20 2008 年耕层土壤有效锌含量的行政区域分布

单位：hm²，%

乡镇名称	统计	一	二	三	四	五	总计
高湾经济区	面积		1 082.39	255.52	9.79		1 347.7
	比例		80.31	18.96	0.73		100.00
工农街道	面积		370.11	0.42			370.53
	比例		99.89	0.11			100.00
哈达镇	面积		4 118.29	375.53			4 493.82
	比例		91.64	8.36			100.00
河北乡	面积		981.86	587	0.86		1 569.72
	比例		62.55	37.40	0.05		100.00
会元乡	面积		1 762.48	1 335.63	0.71		3 098.82
	比例		56.88	43.10	0.02		100.00
拉古经济区	面积		899.71	2 498.42	4.37		3 402.5
	比例		26.44	73.43	0.13		100.00
兰山乡	面积		1 051.35	6 387.96	587.07		8 026.38
	比例		13.10	79.59	7.31		100.00
碾盘乡	面积		156.69	3 617.67	1.88		3 776.24
	比例		4.15	95.80	0.05		100.00
千金乡	面积		153.21	1 885.08			2 038.29
	比例		7.52	92.48			100.00
前甸镇	面积	0.81	1 686.3	1 219.93			2 907.04
	比例	0.03	58.01	41.96			100.00
沈东经济区	面积		1 894.05				1 894.05
	比例		100.00				100.00

（续）

乡镇名称	统计	一	二	三	四	五	总计
塔峪镇	面积		699.14	1 526.61			2 225.75
	比例		31.41	68.59			100.00
演武街道	面积		249.36	85.02			334.38
	比例		74.57	25.43			100.00
榆林街道	面积		311.91	20.04			331.95
	比例		93.96	6.04			100.00
章党经济区	面积		2 093.83	271.31			2 365.14
	比例		88.53	11.47			100.00
总计		0.81	17 510.68	20 066.14	604.68		38 182.31

（四）作物缺锌症状及调控

一般土壤有效锌低于 1.0mg/kg 时，作物出现缺锌症状。作物缺锌时植株矮小，节间短簇，叶片扩展和伸长受到抑制，出现小叶，叶片失绿黄化，并可能发展成红褐色。一般症状最先表现在新生组织上，如新叶失绿呈灰绿或黄白色，生长发育推迟，果实小，根系生长差。一般同一树上的向阳部位较荫蔽部位发病要重。水稻"倒缩稻"、玉米"白化苗"、柑橘"绿肋黄化病"是典型缺锌症状。

在农业生产过程中一定要防治土壤锌元素的缺失，具体措施如下：

（1）施用锌肥。用作锌肥的有硫酸锌、氯化锌、氧化锌、碳酸锌等，常用为硫酸锌。大田作物如水稻、玉米施硫酸锌 30kg/hm² 左右（以 $ZnSO_4 \cdot 7H_2O$ 计，如 $ZnSO_4 \cdot H_2O$ 可按比例减量），喷施用 0.1%～0.2%浓度。果树一般喷施，浓度在 0.5%～1.0%，冬季可浓，夏季宜淡，如与尿素（0.5%）混用可提高效果。另外也可采用树干钻孔，拌填料塞入或打入锌钉等方法。

（2）排除渍水。强还原条件促使缺锌，石灰性渍水难排的水稻田极易发生缺锌，排水提高土壤氧化势对防止缺锌通常能获显著效果。

三、土壤有效铁

铁参与叶绿素的合成，它是某些酶和蛋白质的成分。铁参与植物体内的氧化-还原过程。铁是岩石圈中第四大元素，占地球表层的 5%。在土壤发育过程中，铁既可能富集也可能贫乏化，所以不同土壤之间铁的含量变化较大。土壤中大多数铁存在于原生矿物，黏土矿物、氧化物和水化物中。

（一）耕层土壤有效铁含量现状

全区土壤有效铁含量的变化范围为 20.49～143.41 mg/kg，平均为 72.57mg/kg。土壤有效铁分级及面积统计情况见表 9-21。可以看出，目前 67.13%的耕地有效铁含量普遍处于高水平以上，有 32.87%的耕地处于中等水平。说明耕地土壤有效铁含量整体处于高水平。

表 9 - 21　2008 年耕层土壤有效铁含量分级及面积

级别	一	二	三	四	五
水平	很高	高	中等	低	很低
范围（mg/kg）	≥100	50～100	10～50	2.5～10	<2.5
耕地面积（hm²）	5 270.88	20 360.81	12 550.62		
占总耕地比例（%）	13.80	53.33	32.87		

（二）各乡镇耕层土壤有效铁平均含量统计

图 9 - 10 是各乡镇土壤有效铁平均含量的统计结果，可以看出高湾经济区的总体有效铁含量处于很高水平，达到了 113.03mg/kg；其次为榆林街道；最低的是兰山乡，为 50.13mg/kg，处于高水平。

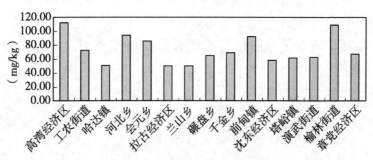

图 9 - 10　2008 年各乡镇耕地土壤有效铁平均含量统计

（三）按行政区域统计情况

按照行政区域统计出各乡镇土壤有效铁含量的分级情况（表 9 - 22）。全区有效铁的含量基本上处于高水

平，不存在有效铁含量低水平以下的耕地。有效铁含量
处于很高水平的耕地主要集中在高湾经济区、河北乡、
会元乡和前甸镇等地；处于高水平在全区均有不同程度
分布；处于中等水平的耕地主要集中在哈达镇、拉古经
济区、兰山乡和碾盘乡等地。

表9-22　2008年耕层土壤有效铁含量的行政区域分布

单位：hm²,%

乡镇名称	统计	一	二	三	四	五	总计
高湾经济区	面积	1 221.19	126.51				1 347.7
	比例	90.61	9.39				100.00
工农街道	面积		370.53				370.53
	比例		100.00				100.00
哈达镇	面积		2 192.16	2 301.66			4 493.82
	比例		48.78	51.22			100.00
河北乡	面积	853.12	716.6				1 569.72
	比例	54.35	45.65				100.00
会元乡	面积	940.72	2 158.1				3 098.82
	比例	30.36	69.64				100.00
拉古经济区	面积		1 345.01	2 057.49			3 402.5
	比例		39.53	60.47			100.00
兰山乡	面积		2 035.17	5 991.21			8 026.38
	比例		25.36	74.64			100.00
碾盘乡	面积	496.34	1 456.8	1 823.1			3 776.24
	比例	13.14	38.58	48.28			100.00

（续）

乡镇名称	统计	一	二	三	四	五	总计
千金乡	面积		2 038.29				2 038.29
	比例		100.00				100.00
前甸镇	面积	1 471.7	1 435.34				2 907.04
	比例	50.63	49.37				100.00
沈东经济区	面积		1 621.73	272.32			1 894.05
	比例		85.62	14.38			100.00
塔峪镇	面积		2 213.81	11.94			2 225.75
	比例		99.46	0.54			100.00
演武街道	面积		334.38				334.38
	比例		100.00				100.00
榆林街道	面积	287.13	44.82				331.95
	比例	86.50	13.50				100.00
章党经济区	面积	0.68	2 271.56	92.9			2 365.14
	比例	0.03	96.04	3.93			100.00
总计		5 270.88	20 360.81	12 550.62			38 182.31

（四）作物缺铁症状及调控

土壤易溶态铁含量低于 5.0mg/kg 时为缺乏。老叶片中的铁不能向新叶转移，作物缺铁表现在幼叶上。缺铁叶片失绿黄白化，心叶常白化，称失绿症。初期脉间褪色而叶脉仍绿，叶脉颜色深于叶肉，严重时叶片变黄，甚至变白。双子叶植物形成网纹花叶，单子叶植物形成黄绿相间条纹花叶。梨树"顶枯"、桃树"白叶病"是缺铁的典型症状。

在农业生产过程中一定要防治土壤铁元素的缺失，具体措施如下：

（1）施用铁肥。由于缺铁通常发生在石灰性土壤，土壤施用铁肥（如硫酸亚铁）极易被氧化沉淀而无效；叶面喷施时进入叶内不多且不易扩散，往往只有着雾点能覆绿，效果也不佳。为了克服这一问题，目前在果树方面认为较好的办法是：①以硫酸亚铁和有机肥混拌（以 1：10～20）按每树 1～2kg 硫酸亚铁的量在树冠圈内分数穴（成年树 8～10 穴，小树酌减）集中穴施。②铁液埋瓶浸根，以 1‰硫酸亚铁＋1‰左右柠檬酸液盛于小型玻璃瓶或塑料袋（10～20mL），在树冠圈内刨出树根（吸收根）浸入瓶（袋）内，封口埋入土中，成年树每树 6～8 瓶．此外螯合铁中 Fe－EDDHA［乙烯二铵二（邻）羟基乙酸铁］效果稳定，但价格昂贵。据报道，与滴灌结合进行，能符合经济要求。

（2）砧木选择。嫁接果利用耐缺铁树种做砧木可以减轻或甚防止缺铁失绿减少。

四、土壤有效锰

锰参与蛋白质与无机酸的代谢、光合作用中二氧化碳的同化、碳水化合物的分解以及胡萝卜素、核黄素和抗坏血酸的形成等。由于土壤中锰的供应状况受土壤酸碱性、氧化还原电位、有机质、土壤质地和土壤湿度的影响，因而含锰量不适于作为判断锰的供给水平的指标。一般用活性锰或可移动态锰（用 0.25mol/L 硫酸浸提的）作为对植物有效的锰。

（一）耕层土壤有效锰含量现状

全区土壤有效锰含量的变化范围为 10.67 ～ 54.12mg/kg，平均为 26.79mg/kg。土壤有效锰分级及面积统计情况见表 9 - 23。可以看出，目前全区均处于高水平以上，其中 4.37％的耕地有效锰处于很高水平，95.63％的耕地有效锰含量处于高水平。说明目前耕地土壤有效锰很高。

表 9 - 23　2008 年耕层土壤有效锰含量分级及面积

级别	一	二	三	四	五
水平	很高	高	中等	低	很低
范围（mg/kg）	≥50	10～50	5～10	1～5	<1
耕地面积（hm²）	1 666.87	36 515.44			
占总耕地比例（％）	4.37	95.63			

（二）各乡镇耕层土壤有效锰平均含量统计

图 9 - 11 是各乡镇土壤有效锰平均含量的统计结果，可以看出兰山乡的总体有效锰含量处于高水平，达到了 43.12mg/kg；其次为碾盘乡；最低的是哈达镇，

为 21.46mg/kg，处于高水平。

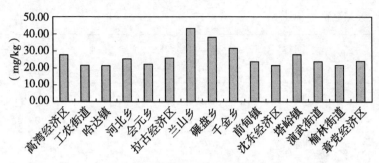

图 9-11　2008 年各乡镇耕地土壤有效锰平均含量统计

（三）按行政区域统计情况

按照行政区域统计出各乡镇土壤有效锰含量的分级情况（表 9-24）。除兰山乡和碾盘乡有少部分耕地有效锰含量处于很高（一级）水平外，其他各乡镇耕地有效锰含量全部处于高（二级）水平。

表 9-24　2008 年耕层土壤有效锰含量的行政区域分布

单位：hm²，%

乡镇名称	统计	一	二	三	四	五	总计
高湾经济区	面积		1 347.7				1 347.7
	比例		100.00				100.00
工农街道	面积		370.53				370.53
	比例		100.00				100.00
哈达镇	面积		4 493.82				4 493.82
	比例		100.00				100.00

抚顺市（五区）耕地地力评价

乡镇名称	统计	一	二	三	四	五	总计
河北乡	面积		1 569.72				1 569.72
	比例		100.00				100.00
会元乡	面积		3 098.82				3 098.82
	比例		100.00				100.00
拉古经济区	面积		3 402.5				3 402.5
	比例		100.00				100.00
兰山乡	面积	1 419.41	6 606.97				8 026.38
	比例	17.68	82.32				100.00
碾盘乡	面积	247.46	3 528.78				3 776.24
	比例	6.55	93.45				100.00
千金乡	面积		2 038.29				2 038.29
	比例		100.00				100.00
前甸镇	面积		2 907.04				2 907.04
	比例		100.00				100.00
沈东经济区	面积		1 894.05				1 894.05
	比例		100.00				100.00
塔峪镇	面积		2 225.75				2 225.75
	比例		100.00				100.00
演武街道	面积		334.38				334.38
	比例		100.00				100.00
榆林街道	面积		331.95				331.95
	比例		100.00				100.00

（续）

乡镇名称	统计	一	二	三	四	五	总计
章党经济区	面积		2 365.14				2 365.14
	比例		100.00				100.00
总计		1 666.87	36 515.44				38 182.31

（四）作物缺锰症状及调控

缺锰症状首先出现在新梢叶，叶脉间黄化而呈淡绿色，仅与中肋及主要叶脉邻接部分仍保持绿色而呈宽窄不一深绿色带。阳光透过叶背时清晰可见，嫩叶的叶脉呈绿色网状而叶肉为淡绿色，轻微缺乏时，症状在生长后期即消失；严重缺乏时，叶脉转为灰暗绿色，叶肉仍保持淡绿色或转灰白，症状持续至生长后期仍不消失，许多作物的成熟叶片锰含量若低于 20mg/kg，即呈现缺锰症状。大麦、小麦缺锰早期叶片出现灰白色浸润状斑点，新叶脉间褪绿黄化，出现长短不一线状褐斑，叶片变薄，萎垂，称褐线萎黄症，其中以大麦典型；甜菜脉间呈显著斑块黄化，称黄斑病；番茄叶片脉间失绿黄化呈花斑叶，并出现褐色小斑点；马铃薯叶片呈浅绿色或黄色，严重时几乎白化，并沿叶脉出现棕色小斑；柑橘类幼叶淡绿色呈细小网纹，后期网纹暗绿色，脉间出现不透明的白色斑点，叶片灰白色或灰色；苹果叶呈浅绿色杂有斑点，严重时，脉间变褐并坏死。

在农业生产过程中一定要防止土壤锰元素的缺失，具体措施如下：

（1）施用锰肥。含锰肥料有硫酸锰、氯化锰、碳酸锰、二氧化锰、锰矿渣等，硫酸锰、氯化锰见效较快。一般以用硫酸锰为多，大田作物，基施 $15kg/hm^2$，喷施溶液浓度 $0.1‰\sim0.2‰$，也可拌种，$750\sim1\,500g/hm^2$，基施效果一般优于追施，果树一般以喷施为主。

（2）施用硫黄和酸性肥料。硫黄和酸性肥料硫酸铵等入土后产酸，酸化土壤，可以提高土壤锰的有效性，硫黄用量据有关资料为 $22.5\sim30kg/hm^2$。

第十章 □□□□□□□□□□□□□□

各地力等级立地条件和
土壤管理指标现状分析

第一节 抚顺市（五区）立地条件及
表层土壤质地指标现状分析

立地条件是影响作物形成与生长发育的各种自然环境因子的综合，是由许多环境因子组合而成的。本节主要对有效土层厚度、剖面构型和地表岩石露头率三个立地条件指标以及表层土壤质地指标进行分析。

一、有效土层厚度

（一）有效土层厚度分级

有效土层厚度是指土壤层和松散母质层之和。依据满足作物生长对土壤土层深度的要求，将耕地有效土层厚度分为三个级别：

1级，有效土层厚度≥60cm；2级，有效土层厚度

30～60cm；3 级，有效土层厚度＜30cm。

（二）耕地土壤有效土层厚度分析

总体来看（表 10-1），有效土层厚度以 1 级（厚度≥60cm）水平为主，面积占总耕地面积的比例为48.39％，3 级（厚度 30～60cm）、2 级（厚度＜30cm）水平占总耕地面积的比例分别为 29.88％、21.73％，说明该区耕地土壤土层较厚，能基本满足作物生长。

从各地力等级的分布来看，一、二等地有效土层厚度以 1 级水平为主，2 级水平所占比例较少；三等地的有效土层厚度以 1 级和 2 级水平为主，所占比例高达99.21％；四等地有效土层厚度以 3 级为主，占总面积的 76.07％；五等地全部为 3 级水平。四等地和五等地有效土层厚度在一定程度上影响耕地生产能力的发挥。

表 10-1 各地力等级有效土层厚度统计表

单位：hm²，%

级别	一等地		二等地		三等地	
	面积	比例	面积	比例	面积	比例
1	2 709.57	98.72	7 840.49	89.44	7 431.73	61.49
2	35.25	1.28	925.43	10.56	4 559.78	37.72
3					95.57	0.79
合计	2 744.82	7.19	8 765.92	22.96	12 087.08	31.66

（续）

级别	四等地		五等地		合计	
	面积	比例	面积	比例	面积	比例
1	494.83	3.62			18 476.62	48.39
2	2 775.04	20.31			8 295.5	21.73
3	10 394.28	76.07	920.34	100.00	11 410.19	29.88
合计	13 664.15	35.78	920.34	2.41	38 182.31	100.00

从空间分布来看，处于 1 级水平的耕地主要集中在哈达镇、会元乡、拉古经济区和前店镇等地；处于 2 级水平的耕地主要集中在哈达镇和兰山乡等地；处于 3 级的耕地主要分布在兰山乡和千金乡等地。

二、剖面构型

（一）剖面构型分级

剖面构型是指土壤剖面中不同质地的土层的排列次序。各质地剖面构型如下：

均质质地剖面构型：即指从土表到 100cm 深度土壤质地基本均一，或其他质地的土层的连续厚度 <15cm，或这些土层的累加厚度 <40cm；分为通体壤、通体沙、通体黏、通体砾 4 种类型。

夹层质地剖面构型：即指从土表 20～30cm 至 60～70cm 深度内，夹有厚度 15～30cm 的与上下层土壤质地明显不同的质地土层；续分为沙/黏/沙、黏/沙/黏、壤/黏/壤、壤/沙/壤 4 种类型。

体（垫）层质地剖面构型：即指从土表 20～30cm 以下出现厚度＞40cm 的不同质地的土层；续分为沙/黏/黏、黏/沙/沙、壤/黏/黏、壤/沙/沙 4 种类型。

（二）抚顺市（五区）耕地剖面构型分析

从三种类型分布来看，均质质地和体（垫）层质地剖面构型分布较广，其面积分别为 19 036.98hm²、18 315.50hm²，分别占总评价耕地面积的 49.86%、47.97%；夹层质地剖面构型分布为 829.83hm²，占 2.17%。

1. 均质质地剖面构型

总体来看（表 10-2），耕地剖面构型呈现均质质地的面积分布最多，为 19 036.98hm²，占总评价耕地面积的 49.86%，基本为通体砾构型，占均质质地剖面构型耕地面积的 81.64%，除一等地分布较少外其余各等级均有较大面积分布；通体壤构型占均质质地剖面构型耕地面积的 13.18%；通体沙、通体黏构型占均质质地剖面构型耕地面积的 5.18%。

表 10-2　各地力等级均质质地剖面构型统计表

单位：hm²,%

剖面构型	一等地		二等地		三等地	
	面积	比例	面积	比例	面积	比例
通体砾	15.78	1.03	765.2	37.91	1 785.43	79.75

（续）

剖面构型	一等地		二等地		三等地	
	面积	比例	面积	比例	面积	比例
通体壤	1 471.28	96.41	943.64	46.75	94.74	4.23
通体沙			34.37	1.7	259.2	11.58
通体黏	39.12	2.56	275.28	13.64	99.29	4.44
合计	1 526.18	8.02	2 018.49	10.6	2 238.66	11.76

剖面构型	四等地		五等地		合计	
	面积	比例	面积	比例	面积	比例
通体砾	12 054.08	97.74	920.34	100.00	15 540.83	81.64
通体壤					2 509.66	13.18
通体沙	279.23	2.26			572.8	3.01
通体黏					413.69	2.17
合计	12 333.31	64.79	920.34	4.83	19 036.98	100.00

从空间分布来看，通体砾除榆林街道无分布外其余各乡镇均有较大面积分布；通体壤主要分布于农工街道、沈东经济区和塔峪镇等地；通体沙分布较少，主要集中在哈达镇；通体黏零星分布于高湾经济区、工农街道、哈达镇、拉古经济区和沈东经济区。

2. 夹层质地剖面构型

总体来看（表 10 - 3），全区耕地夹层质地剖面构型只有壤/沙/壤和壤/黏/壤两种类型，共为829.83hm²，占总评价耕地面积的 2.17%。其中壤/沙/壤分布最多，为 503.77hm²，占夹层质地剖面构型耕地面积的 60.71％；壤/黏/壤为 326.06hm²，占 39.29％。从各地力等级来看，三个级别耕地剖面构型均以壤/沙/壤为主，均超过 50％。

表 10 - 3　各地力等级夹层质地剖面构型统计表

单位：hm²，％

剖面构型	一等地		二等地		三等地	
	面积	比例	面积	比例	面积	比例
壤/沙/壤	76.05	68.41	299.22	53.17	128.5	82.41
壤/黏/壤	35.11	31.59	263.53	46.83	27.42	17.59
合计	111.16	13.4	562.75	67.81	155.92	18.79

剖面构型	四等地		五等地		合计	
	面积	比例	面积	比例	面积	比例
壤/沙/壤					503.77	60.71
壤/黏/壤					326.06	39.29
合计					829.83	100.00

从空间分布来看，壤/沙/壤剖面构型主要分布在会元乡，河北乡、碾盘乡、千金乡、前甸镇和榆林街道有少量分布；壤/黏/壤剖面构型主要分布在前甸镇，高湾经济区、工农街道、会元乡、碾盘乡、沈东经济区、塔峪镇和章党经济区有零星分布。

3. 体（垫）层质地剖面构型

总体来看（表 10 - 4），耕地体（垫）层质地剖面构型有壤/沙/沙、壤/黏/黏和黏/沙/沙三种类型，共为 18 315.50hm²，占总评价耕地面积的 47.97％。其中壤/沙/沙分布最多，为 16 425.04hm^2，占体（垫）层质地剖面构型耕地面积的 89.68％；壤/黏/黏和黏/沙/沙分布较少，分别为 1 660.14hm^2、230.32 hm^2，分别占 9.06％、1.26％。从各地力等级来看，均有超过 70％的耕地剖面构型为壤/沙/沙。

表 10－4　各地力等级体（垫）层质地剖面构型统计表

单位：hm^2,％

剖面构型	一等地		二等地		三等地	
	面积	比例	面积	比例	面积	比例
壤/沙/沙	850.01	76.75	5 250.33	84.89	8 995.85	92.81
壤/黏/黏	257.47	23.25	880.6	14.24	522.07	5.39
黏/沙/沙			53.75	0.87	174.58	1.8
合计	1 107.48	6.05	6 184.68	33.77	9 692.5	52.91

剖面构型	四等地		五等地		合计	
	面积	比例	面积	比例	面积	比例
壤/沙/沙	1 328.85	99.85			16 425.04	89.68
壤/黏/黏					1 660.14	9.06
黏/沙/沙	1.99	0.15			230.32	1.26
合计	1 330.84	7.27			18 315.5	100.00

　　从空间分布来看，壤/沙/沙剖面构型在全区均有分布，主要集中在兰山乡和碾盘乡等地；壤/黏/黏剖面构型除兰山乡和演武街道没有分布外，其他乡镇均有少量分布；黏/沙/沙剖面构型零星分布在哈达镇、拉古经济区、前甸镇和章党经济区。

三、岩石露头率

（一）岩石露头率分级

地表岩石露头是指基岩出露地面，干扰耕作。根据对耕作的干扰程度可分为 1 级、2 级、3 级、4 级共 4 个级别。

1 级，岩石露头率＜2％，不影响耕作。

2 级，岩石露头率 2％～10％，露头之间的间距 35～100m，已影响耕作。

3 级，岩石露头率 10％～25％，露头之间的间距 10～35m，能进行非机械化耕作。

4 级，岩石露头率≥25％，露头之间的间距 3.5～10m，进行非机械化耕作。

（二）耕地岩石露头率分析

总体来看（表 10 - 5），70.07％的耕地处于 1 级（不影响耕作），面积达到 26 755.99hm²，有 29.93％、面积 11 426.32hm² 的耕地处于 2 级，说明该区耕地地表情况较好，大部分能满足作物生长，但需注意对 2 级已影响耕作的耕地进行合理利用和改良。从各地力等级的分布来看，一等地、二等地和三等地的岩石露头率均以 1 级水平为主；四等地和五等地则以 2 级水平为主。

表 10 – 5　各地力等级耕地地表岩石露头率统计表

单位：hm²，%

级别	一等地		二等地		三等地	
	面积	比例	面积	比例	面积	比例
1	2 744.82	100.00	8 765.92	100.00	11 953.93	98.90
2					133.15	1.10
合计	2 744.82	7.19	8 765.92	22.96	12 087.08	31.66

级别	四等地		五等地		合计	
	面积	比例	面积	比例	面积	比例
1	3 268.69	23.92	22.63	2.46	26 755.99	70.07
2	10 395.46	76.08	897.71	97.54	11 426.32	29.93
合计	13 664.15	35.78	920.34	2.41	38 182.31	100.00

从空间分布来看，1 级在各乡镇均有较大面积分布，集中分布在哈达镇、拉古经济区、兰山乡、碾盘乡和前店镇等地；2 级除沈东经济区和榆林街道没有分布外，在其他乡镇均有分布，主要分布在哈达镇和拉古经济区等地。

四、表层土壤质地

(一) 表层土壤质地分级

表层土壤质地一般指耕层土壤的质地。质地分为沙土、壤土、黏土和砾质土 4 个级别。

1 级，壤土，包括沙壤、轻壤和中壤。

2 级，黏土，包括黏土和重壤。

3 级，沙土，包括紧沙土和松沙土。

4 级，砾质土，即按体积计，直径大于 1～3mm 的砾石等粗碎屑含量大于 10%，包括强石质土。

（二）表层土壤质地分析

总体来看（表 10-6），表层土壤质地 1 级（壤土）和 4 级（砾质土）水平为主要分布类型，其分布面积分别占总评价耕地面积的 57.59%、39.96%，面积分别为 21 990hm²、15 255.89 hm²；2 级（黏土）和 3 级（沙土）分布类型分布面积分别仅占总评价耕地面积的 1.78%、0.67%。说明该区耕地表层土壤质地一般，能基本满足作物生长的自然需要。从各地力等级的分布来看，一等地、二等地和三等地表层土壤质地均以 1 级水平为主；四等地和五等地则以 4 级水平为主，质地较差，较大程度上影响耕地生产能力的发挥。

表 10-6　各地力等级表层土壤质地统计表

单位：hm²，%

级别	一等地		二等地		三等地	
	面积	比例	面积	比例	面积	比例
1	2 674.55	97.44	7 898.2	90.10	10 088.40	83.46
2	70.27	2.56	335.12	3.82	273.87	2.27
3			11.06	0.13	69.25	0.57
4			521.54	5.95	1 655.56	13.7
合计	2 744.82	7.19	8 765.92	22.96	12 087.08	31.66

（续）

级别	四等地		五等地		合计	
	面积	比例	面积	比例	面积	比例
1	1 328.85	9.73			21 990	57.59
2	1.99	0.01			681.25	1.78
3	174.86	1.28			255.17	0.67
4	12 158.45	88.98	920.34	100	15 255.89	39.96
合计	13 664.15	35.78	920.34	2.41	38 182.31	100.00

从空间分布来看，1级分布最多，各街道均有较大面积的分布；2级和3级分布最少，仅在个别乡镇有零星分布；4级除榆林街道没有分布外，其余乡镇均有较大面积分布。

第二节 抚顺市（五区）土壤管理指标现状分析

土壤管理指标是指通过耕作、栽培、施肥、灌溉、修正田面等手段，保持和提高土壤生产力的技术指标。本节主要对灌溉保证率、排水条件和地形坡度三个土壤管理指标进行分析。

一、灌溉保证率

（一）灌溉保证率分级

灌溉保证率分为4个级别：

1级，充分满足，包括水田、菜地和可随时灌溉的水浇地。

2级，基本满足，有良好的灌溉系统，在关键需水生长季节有灌溉保证的水浇地。

3级，一般满足，有灌溉系统，但在大旱年不能保证灌溉的水浇地。

4级，无灌溉条件，包括旱地与望天田。

（二）耕地灌溉保证率分析

总体来看（表10-7），全区仅有1级（充分满足）、2级（基本满足）和4级（无灌溉条件）分布，其中4级分布面积最大，为29 277.32hm²，占总面积的76.68%；1级次之；2级最少，面积仅占0.70%。从各地力等级的分布来看，一等地大部分有灌溉保证；二等地的灌溉水平则表现为1级和4级水平面积相当；三等地、四等地和五等地大部分耕地无灌溉条件。

表10-7 各地力等级灌溉保证率统计表

单位：hm²，%

级别	一等地		二等地		三等地	
	面积	比例	面积	比例	面积	比例
1	2 601.52	94.78	4 579.74	52.25	1 240.35	10.26
2	25.26	0.92	145.9	1.66	75.79	0.63
4	118.04	4.30	4 040.28	46.09	10 770.94	89.11
合计	2 744.82	7.19	8 765.92	22.96	12 087.08	31.66

（续）

级别	四等地		五等地		合计	
	面积	比例	面积	比例	面积	比例
1	214	1.57	0.23	0.02	8 635.84	22.62
2	22.2	0.16			269.15	0.70
4	13 427.95	98.27	920.11	99.98	29 277.32	76.68
合计	13 664.15	35.78	920.34	2.41	38 182.31	100.00

从空间分布来看，4 级分布最多，除榆林街道和农工街道分布较少外，其余乡镇均有较大面积分布；1 级在全区均有分布，主要集中在碾盘乡、前甸镇、沈东经济区和塔峪镇等地；2 级零星分布在哈达镇、拉古经济区、兰山乡、前甸镇和章党经济区。

二、排水条件

（一）排水条件分级

排水条件是指受地形和排水体系影响的雨后地表积水情况，分为 4 个级别。

1 级：排水体系（包括抽排）健全。即有健全的干、支、斗、农排水沟道，无洪涝灾害。

2 级：排水体系（包括抽排）基本健全，丰水年暴雨后有短期洪涝发生（田面积水 1～2d）。

3 级：排水体系（包括抽排）一般，丰水年大雨后有洪涝发生（田面积水 2～3d）。

4 级：无排水体系（包括抽排），一般年份在大雨后发生洪涝（田面积水≥3d）。

（二）耕地排水条件分析

总体来看（表 10-8），4 级（无排水体系）面积分布最大，面积为 17 249.72hm²，占总评价耕地面积的 45.18%；2 级（排水体系基本健全）和 1 级（排水体系健全）分布面积次之，分别为 13 115.04hm² 和 5 358.04hm²；3 级（排水体系一般）分布最少，所占比例为 6.44%。从各地力等级的分布来看，一等地排水条件以 1 级水平为主，所占比例为 58.07%，3 级和 2 级次之，4 级所占比例最小；二等地中则以 1 级和 4 级水平为主；三等地和四等地大部分耕地排水条件为 2 级和 4 级水平；五等地中则有近 90% 的耕地无排水条件。

表 10-8　各地力等级排水条件统计表

单位：hm²,%

级别	一等地		二等地		三等地	
	面积	比例	面积	比例	面积	比例
1	1 593.74	58.07	2 768.09	31.58	719.47	5.95
2	404.58	14.74	1 673.96	19.10	3 742.33	30.96
3	622.85	22.69	1 076.24	12.28	700.71	5.80
4	123.65	4.50	3 247.63	37.04	6 924.57	57.29
合计	2 744.82	7.19	8 765.92	22.96	12 087.08	31.66

（续）

级别	四等地		五等地		合计	
	面积	比例	面积	比例	面积	比例
1	276.74	2.03			5 358.04	14.03
2	7 194.1	52.64	100.07	10.87	13 115.04	34.35
3	59.71	0.44			2 459.51	6.44
4	6 133.6	44.89	820.27	89.13	17 249.72	45.18
合计	13 664.15	35.78	920.34	2.41	38 182.31	100.00

从空间分布来看，4 级分布最多，除沈东经济区和榆林街道没有分布，工农街道和兰山乡分布很少外，其余乡镇均有较大面积分布；2 级主要分布于兰山乡和碾盘乡等地；1 级主要分布在前甸镇和沈东经济区；3 级分布面积较少，主要集中于会元乡和塔峪镇等地。

三、地形坡度

（一）地形坡度分级

只对旱地进行坡度分级。坡度分为 6 个级别。

1 级，地形坡度<2°，梯田按<2°坡耕地对待。

2 级，地形坡度 2°～5°。

3 级，地形坡度 5°～8°。

4 级，地形坡度 8°～15°。

5 级，地形坡度≥15°。

（二）耕地地形坡度分析

总体来看（表 10 - 9），全区 2 级分布比例最大，达到 41.84％，面积为 15 976.88hm²；1 级分布比例次之，达到 37.12％，面积为 14 171.84hm²；4 级分布比例为 12.23％；3 级和 5 级较少，为 7.91％和 1.62％。说明该区耕地总体分布在坡度较低缓的位置，但仍存在着一定数量较高坡度的旱田种植面积，今后应对这些地方采取相应的措施，以防止水土流失。从各地力等级的分布来看，一等地和二等地以 1 级水平为主；三等地和四等地坡度则以 2 级水平为主；五等地有近 60％的耕地坡度水平为 4 级。

表 10 - 9　各地力等级地形坡度统计表

单位：hm²，％

级别	一等地		二等地		三等地	
	面积	比例	面积	比例	面积	比例
1	2 658.5	96.86	6 602.11	75.32	3 963.93	32.79
2	78.26	2.85	1 460.09	16.66	5 354.59	44.3
3	8.06	0.29	344.86	3.93	1 019.84	8.44
4			328.75	3.75	1 543.27	12.77
5			30.11	0.34	205.45	1.7
合计	2 744.82	7.19	8 765.92	22.96	12 087.08	31.66

级别	四等地		五等地		合计	
	面积	比例	面积	比例	面积	比例
1	945.18	6.92	2.12	0.23	14 171.84	37.12

（续）

级别	四等地		五等地		合计	
	面积	比例	面积	比例	面积	比例
2	8 955.86	65.54	128.08	13.92	15 976.88	41.84
3	1 238.17	9.06	133.14	14.47	2 744.07	7.19
4	2 254.4	16.50	544.78	59.19	4 671.2	12.23
5	270.54	1.98	112.22	12.19	618.32	1.62
合计	13 664.15	35.78	920.34	2.41	38 182.31	100.00

　　从空间分布来看，2级分布面积最多，除沈东经济区和榆林街道没有分布，农工街道分布很少外，其余乡镇均有较大面积分布；1级其次，在全区均有较大面积分布；3级、4级和5级分布面积较少，主要分布在哈达镇、会元乡和章党经济区等地。

第十一章 ▭▭▭▭▭▭▭▭▭▭▭▭

抚顺市(五区)中低产田障碍
因素分析及改良措施

第一节 抚顺市（五区）中低
产田障碍因素分析

一、高中低产田含义界定

中低产田一般是指那些环境条件不良、综合农业技术措施不力、农作物全部生活因素的配合不协调、产量水平不高的农田。

本书中高、中、低产田是根据本次耕地地力评价结果划分的：耕地地力评价结果为 1 等地和 2 等地的即划分为高产田；耕地地力评价结果为 3 等地的即划分为中产田；耕地地力评价结果为 4 等地和 5 等地的即划分为低产田。

二、中低产田障碍因素分析

（一）中产田障碍因素分析

由于大量使用化肥，特别是磷肥的施用，与第二次土壤普查时相比，本区土壤有效磷含量大幅提高，缺磷已不是生产障碍性因素。土壤质地对产量影响凸显。

淹育型水稻土中土质黏重、地下水位高的草甸土田如黏质淤黑草甸土田，由于通体土质黏重通气透水性能差，土质冷凉，不发小苗，属水稻土中中产田。

黄土状棕壤主要分布在土质丘陵上部，垦后地面裸露，极易造成片蚀和沟蚀，水土流失严重。目前多为耕地，部分为果园。

耕型黏质草甸土由于土壤质地过于黏重，通透性较差，犁底层较厚，影响着作物根系的生长和伸展。部分地块地下水位高，在生产上表现冷浆，不发小苗，适耕期短。入伏后，土温升高，土壤有效养分转化较快，有后劲。在施肥和管理不当时往往会造成贪青晚熟。早春土壤有效磷偏低，出现红苗现象，个别地块雨季内涝较重。

（二）低产田障碍因素分析

分布于石质丘陵顶部或中上坡的酸性岩类棕壤性土，通透性良好，土性热，发小苗，土体松散，耕性较好。但垦后养分迅速分解矿化，土壤肥力低；土体混有

石砾，无结构，跑水跑肥；坡度大，水土流失严重。该土属为本区低产土壤类型之一

分布于河谷地带的耕型沙地固定风沙土，有明显的耕作层，通体沙质，无结构。土质瘠薄，并存在风蚀危害。这种土壤易于耕作，通气透水性极好，疏松热潮，但易受风蚀，常使作物幼苗被风吹刮或掩埋现象。土壤保水力极差，渗水快，土壤水分经常缺乏，易遭旱灾。土壤有机质易分解，养分含量低，并易流失，导致作物生长后期易脱肥而减产。除适种花生、地瓜、芝麻、香瓜等油料和经济作物外，应加强田间防护林网建设，控制风蚀，培肥土壤，为作物生长创造有利条件

第二节　土壤改良措施

一、北部低山棕壤性土低产区

主要分布在前甸的北部、河北北部以及哈达和会元的大部分。

对土体厚度小于50cm、坡度大于15°的耕地应退耕还林或退牧，营造农田防护林或护坡林，发展林果业，加强水土保持；要增施有机肥以培肥地力。在缓坡地修筑水平梯田或过渡式梯田，在窄河谷地要闸沟筑防，拦截泥沙，稳定沟谷。

（一）工程措施

针对那些坡度在5°左右的地块，平整地块，尽可

能缩小南北势差；坡度在 15°以下地块，需实行等高耕作，修筑梯田，防止地表径流、表土流失。对沙化和黏重的土壤实行人工客土，人工客入黑土和河泥等黏性土或有机土，以改良沙土中沙粒过多、黏性过少，保水保肥能力较差等不良理化性状，人工客入沙土以改良过黏滞水土壤，改善其通透性，保证植株良好的根系生长土壤环境。修筑水平梯田，稳定沟谷；营造沟头、沟坡林，做到水不出沟、土不下坡。

（二）生物措施

生物措施重点推广生物肥、生物有机肥和抗旱作物品种。

（1）亩施用有机粪肥不少于 1 500kg 或商品有机肥 300kg。

（2）种植绿肥，选用一些适宜本地区生长的草木樨等品种，适时收割还田，通过深翻耕作来增加土壤有机质含量，达到培肥地力的作用。

（3）有效利用植物生长调节剂、生长剂、保水剂、抗旱剂等产品，改善植物生长环境，促进其生长发育。

（4）栽好河道护岸林、防风林，保护现有农田。

（5）修生物埂、草田轮作等配套措施，促进梯田生土熟化，从而达到改善农业生产和土地经营管理的基本条件。

（6）生物和工程措施相结合，以生物措施为主，治理荒山秃岭，采取修筑水平梯田，挖撩壕鱼鳞坑，实行穴状、袋状，全面整地，植树造林，提高成活率。

（三）技术措施

（1）大量施用农家肥，改良沙性，提高保水保肥能力。

（2）配方施肥，做到氮、磷、钾配合施用。

（3）深层翻土，深耕深松，加厚耕层的活土层，实行机械熟化。

二、东南部丘陵棕壤中产区

主要分布于哈达、章党、碾盘、拉古、前甸和会元等乡镇。

（一）土壤改良措施

水土保持防止侵蚀，培肥土壤，增施农肥。

（1）实施增肥改土技术，采用秸秆还田，增施有机肥，亩施用量不低于 1 000kg，可有效地增加土壤有机质含量，起到培肥地力、增加土壤团粒结构的作用，提高低产田土壤的蓄水保肥能力、通透和耕作性能。

（2）造水源涵养林和水土保持林，土层瘠薄、干旱的荒丘，应选栽刺槐，发展薪炭林；土质条件较好的山坡，选栽落叶松、杏条等，保丘护土，防止冲毁坡耕地。

（3）增肥改土，深耕打破淀积层，掺沙改良黏性，合理倒茬，调节地力。

（4）增施农肥，玉米实行高留茬、保护性耕作、秸秆还田等，建设高产农田。

（5）实施测土配方施肥，做到平衡施肥，实现土壤养分均衡。

（二）抗旱节水技术

主要包括农田灌溉设施和充分利用土壤水。农田灌溉设施以打水井及其灌溉配套设施为主，保证干旱季能有水可灌；选择抗旱品种，采取地膜覆盖和秸秆覆盖技术，有效减少地面蒸发；适时播种及时镇压，大力推广免耕法。

（三）施肥原则模式及方法

在这一区域内以玉米为主栽作物，除土壤的原因外，多数农民存在着施肥不合理情况，比如底肥量不足、追肥量过大、追肥时期提前、营养成分不均衡等现象，土壤不同程度缺锌，"花白苗"现象较普遍，已经成为产量的限制因子。

对于土壤肥力较低地块，应该在前期施足底肥，并且使氮、磷、钾配比要合理，后期追肥时氮肥使用量不宜过大，一般亩追尿素 25kg 左右。如果施肥中氮肥量偏高，磷钾肥偏低，配比不合理，致使玉米前期徒长，后期由于营养不均衡而发生病害，玉米秸秆倒伏严重，影响产量。而如果用配方施肥应注重前期底肥用量，可适当提高了磷钾肥施用量，氮磷钾比例适中，增施微量元素锌，能够起到增产增收的效果。配方肥中增加了磷的含量，是因为春季地温较低，影响土壤有效磷的有效性，必须通过施磷肥来解决。玉米生产在肥料投入上应根据土壤养分状况，实行"稳氮控磷固钾补锌"的原则，使养分平衡，做到配方施肥才能增产增收。

三、中部平原渍涝水稻土中产区

主要分布于前甸南部、河北南部和哈达南部以及章党、塔峪、碾盘等的大部分土壤质地黏重地块。

改良措施应加强农业综合开发，重点配套田间排灌等基础设施，加强地力培肥和土壤肥力与墒情监测，解决农田漫灌、串排串灌和土壤养分非均衡化等问题。

在改良利用上，由于土质黏重，水、肥、气、热相互制约，水多气少，热量不足，潜在肥力高，速效养分低，不利于作物生长发育。应重点以改土为主，增施热性、腐熟的优质农肥和秸秆还田，并有计划地进行铺沙压黏的改土工作，改善表土土壤结构，增加通透性能。在耕作上采取深、浅交替和深松措施，打破犁底层。加强农田建设，排除内洪外涝，提高抗灾能力。实施测土配方施肥，逐步消除障碍因素，充分挖掘土壤的增产潜力。

第十二章

抚顺市（五区）耕地资源合理
配置与种植业结构调整

一、抚顺市（五区）种植业布局现状

（五区）种植业作物面积分布为玉米 17 932hm²、水稻面积 2 048hm²、蔬菜 2 532 hm²、瓜果豆类 1 022 hm²、山地果树 1 961hm²。

为全面推进社会主义新农村建设，加快经济结构的战略性调整，全区农业产业结构已开始从单纯的种植业向经济型、高效型等现代农业发展，水稻面积稳定，玉米种植面积稳中有降，保护地蔬菜、瓜类等经济作物面积有了较快的增加，设施农业面积 2012 年达 733.33 hm²。根据地貌、土壤类型等不同，全区种植业布局主要分为以下几个生产基地。

无公害玉米基地 9 266.67hm²，主要分布哈达、章党、拉古、前甸等乡镇。无公害优质稻米生产基地 1 600hm²，主要分布碾盘、哈达、章党、前甸等乡镇。绿色果品基地 666.67hm²，主要分布哈达、章党等乡镇。无公害蔬菜基地 600hm²，主要分布塔峪、碾盘、千金、会元等乡镇。优质食用菌生产基地 400hm²，主要分布前甸镇。优质寒富苹果生产基地 666.67hm²，主要分布会元、河北等乡镇。

二、总体思路及措施

北部低山丘陵棕壤性土区应减少粮食种植，发展林果业多种经营。东部棕壤、潮棕壤区发展玉米种植和设施农业。中部平原水稻土、草甸土区，土壤肥力高，但物理性状不良，耕作难，宜耕期短；地下水位高，抗旱不耐涝；黏重板结，冷浆不发苗。水稻种植水资源受限发展地块宜发展温室农业、露地蔬菜。着重抓好以下几方面工作。

（1）加强规划引导。近年来，大力推进了设施农业小区等多项惠民工程，着力推进设施农业建设，使反季节蔬菜、温室水果、无公害水稻、无公害玉米四大产业规模化生产。同时，制定了科学有效的实施规划，推动高效农业的发展。

（2）加强优质稻米生产基地建设。本区种植水稻历史悠久，而且水稻品质优良，未来的发展方向是在稳产的基础上生产无公害绿色大米。加强对土壤的检测，除了对土壤的营养成分进行检测以外，还要扩大对某些有害重金属的检测。逐渐减少化肥的应用，加大有机肥、生物有机肥的施用量和面积。推广应用生物农药，逐渐减少有害农药的使用面积。

（3）示范园区建设。结合粮食高产创建示范区建设、标准化设施农业园区建设，综合利用各种资源加大投入，在哈达建一个万亩农业生态园区。在"一区一业"的带动下，重点培育做大"一镇一业"示范园区、"一村一品"示范园区。

（4）创新产业机制。农业专业合作社的全面带动作用。辖区已组建农村合作组织 48 家，涉及蔬菜、农机、植保、果业、食用菌等，合作社的成立，对种植业结构的调整、高效农业的发展起到了推动作用。

（5）推进科技创新。突出品种改良和模式更新，促进农业增产增效，推广应用高产品种、扩大有机肥料施用面及反季节蔬菜生产等高效生产模式，提高粮食产量和附加值，增加亩效益。

（6）重视品牌建设。目前，五区拥有有机食品品牌 1 个、绿色食品品牌 2 个、无公害农产品 28 个，农业"三品"总数达到 31 个，"金太"大米、"鑫晟"牌大米、"家华"速冻玉米、"美比"葡萄、"上年"牌草莓等一批品牌的市场知名度不断扩大，品牌效应开始逐步显现。利用品牌效应促进结构调整，使产业做强做大。

附录 抚顺市（五区）各乡镇及行政村耕地土壤主要养分平均含量表

乡镇名称	村名称	pH	有机质 (g/kg)	碱解氮 (mg/kg)	有效磷 (mg/kg)	速效钾 (mg/kg)	有效铁 (mg/kg)	有效锰 (mg/kg)	有效铜 (mg/kg)	有效锌 (mg/kg)
高湾经济区	爱山分场	5.88	18.77	105.72	71.18	97.52	119.25	19.57	2.54	1.44
	大泗水分场	5.78	20.86	101.95	23.96	116.71	109.68	32.16	2.89	2.86
	东大分场	5.59	18.16	110.20	97.38	93.88	125.88	24.80	2.81	2.08
	高阳分场	5.99	21.32	101.60	13.62	99.43	108.85	32.57	2.34	2.96
	胡家分场	5.78	19.59	114.57	52.39	113.95	108.04	29.97	2.75	2.79
	小泗水分场	5.92	21.30	109.32	16.95	111.33	103.50	33.06	2.49	3.10
	友爱分场	5.60	17.80	109.97	75.94	95.78	113.92	25.75	3.05	2.42
	小计	5.79	19.59	107.31	51.17	102.34	113.03	27.92	2.69	2.49
工农街道	工农朝鲜族村	5.78	22.18	114.96	29.02	88.38	76.25	21.23	1.97	2.54
	工农汉族村	5.84	22.16	115.33	32.37	88.15	72.49	21.59	2.00	2.45

（续）

乡镇名称	村名称	pH	有机质 (g/kg)	碱解氮 (mg/kg)	有效磷 (mg/kg)	速效钾 (mg/kg)	有效铁 (mg/kg)	有效锰 (mg/kg)	有效铜 (mg/kg)	有效锌 (mg/kg)
工农街道	小计	5.83	22.16	115.30	32.07	88.17	72.82	21.56	1.99	2.46
哈达镇	阿及村	6.10	23.38	118.15	32.48	85.57	45.33	23.32	1.54	2.48
	东沟村	5.36	24.96	140.67	26.98	89.42	65.73	26.84	1.83	2.54
	富尔哈村	5.41	23.67	135.57	32.25	67.28	61.76	20.39	1.37	2.29
	古塘村	6.63	26.61	140.36	26.31	101.01	37.38	20.08	1.57	2.49
	关门山村	5.88	23.59	128.85	26.65	85.92	50.14	24.50	1.64	2.38
	河青寨村	5.95	23.99	131.12	21.59	92.86	46.68	20.06	1.59	2.32
	上哈达村	6.27	24.81	130.52	23.04	94.85	38.55	20.61	1.74	2.60
	上年马洲村	5.81	25.59	140.81	26.17	93.54	57.96	23.75	1.72	2.45
	下哈达村	5.96	23.15	129.77	27.30	85.82	52.33	19.89	1.45	2.49
	下年马洲村	6.17	22.11	123.33	27.97	86.55	45.15	20.45	1.41	2.17
	小寨子村	6.34	27.42	142.99	28.50	98.38	44.87	20.71	1.60	2.57

（续）

乡镇名称	村名称	pH	有机质 (g/kg)	碱解氮 (mg/kg)	有效磷 (mg/kg)	速效钾 (mg/kg)	有效铁 (mg/kg)	有效锰 (mg/kg)	有效铜 (mg/kg)	有效锌 (mg/kg)
哈达镇	峪沟村	5.76	26.11	138.95	25.12	72.25	65.24	20.11	1.68	2.62
	长岭村	6.08	24.25	132.40	21.56	84.91	49.02	17.16	1.55	2.11
	小计	5.92	24.53	133.42	27.59	85.63	51.87	21.46	1.57	2.42
河北乡	北关新村	6.05	20.00	90.50	53.36	75.81	88.31	21.73	2.39	1.64
	东华村	6.39	19.40	101.55	37.76	79.34	72.27	26.14	3.00	2.92
	方晓村	6.09	20.13	100.48	25.11	76.21	107.29	25.81	2.61	3.30
	戈布村	6.39	20.40	101.23	36.59	95.64	81.78	25.83	2.43	2.21
	龚家村	6.01	20.47	95.30	40.35	72.41	115.59	23.22	2.36	1.33
	孤家子村	6.55	20.12	94.86	35.31	99.69	67.35	27.66	3.23	3.10
	黄旗村	6.13	19.91	97.21	37.94	110.20	112.16	26.97	2.56	1.40
	里仁村	6.12	20.11	97.30	27.98	83.78	105.25	34.51	2.92	3.91
	莲岛村	6.10	20.94	99.31	29.45	93.11	108.06	28.09	3.06	2.36

（续）

乡镇名称	村名称	pH	有机质 (g/kg)	碱解氮 (mg/kg)	有效磷 (mg/kg)	速效钾 (mg/kg)	有效铁 (mg/kg)	有效锰 (mg/kg)	有效铜 (mg/kg)	有效锌 (mg/kg)
河北乡	欧家村	6.01	19.98	96.67	48.28	84.58	100.16	20.52	2.39	1.71
	四家子村	5.93	21.62	108.74	56.88	71.72	110.34	18.87	2.09	1.54
	西艾村	6.14	19.07	94.34	36.19	85.28	83.17	24.71	2.32	2.63
	新区村	6.35	18.13	89.67	36.17	137.41	59.80	25.55	3.29	2.40
	英石村	6.39	18.93	90.17	28.37	105.83	70.64	28.04	2.70	2.37
	小汁	6.18	20.18	97.96	38.16	89.50	94.91	25.47	2.70	2.30
会元乡	黄金村	5.83	21.91	98.95	70.09	84.97	110.76	27.52	2.53	1.62
	会元村	5.97	19.67	111.51	64.71	78.89	86.02	20.44	2.81	1.86
	金花村	5.97	21.63	105.42	75.45	80.21	87.26	23.05	3.18	2.24
	康乐村	6.11	20.26	92.00	47.06	116.58	63.31	25.41	2.75	2.88
	马金村	6.21	20.10	91.51	40.27	92.64	73.76	22.46	2.38	2.07
	马前村	6.10	21.33	96.81	73.82	88.73	106.40	16.16	2.49	2.28

（续）

乡镇名称	村名称	pH	有机质 (g/kg)	碱解氮 (mg/kg)	有效磷 (mg/kg)	速效钾 (mg/kg)	有效铁 (mg/kg)	有效锰 (mg/kg)	有效铜 (mg/kg)	有效锌 (mg/kg)
会元乡	三道村	6.15	21.28	101.91	60.09	90.44	98.92	20.32	2.70	1.79
	兴安村	6.13	20.91	108.12	51.21	106.56	71.20	25.47	1.85	2.46
	砖台村	5.86	17.91	108.48	54.96	94.17	87.67	17.09	2.27	2.07
	小计	6.04	20.57	100.53	58.80	93.30	87.14	22.32	2.53	2.14
拉古经济区	大甸村	5.76	22.23	115.14	31.11	106.25	47.33	24.67	1.41	1.63
	陡山村	5.38	23.56	126.65	34.63	113.02	57.85	25.79	1.48	1.37
	鸽子村	5.75	22.30	108.43	35.74	91.55	44.13	25.80	1.49	2.09
	拉古村	5.85	22.54	114.28	33.48	99.34	48.47	26.36	1.53	2.00
	刘山村	5.55	21.45	107.41	41.52	76.98	49.71	27.29	1.71	1.68
	柳条村	5.52	21.67	108.77	35.30	79.38	46.11	27.66	1.58	1.85
	松岗村	5.74	24.58	128.04	35.47	115.94	54.94	23.38	1.55	1.99
	长山村	5.29	21.73	116.31	29.12	101.39	53.91	24.93	1.37	1.49

（续）

乡镇名称	村名称	pH	有机质 (g/kg)	碱解氮 (mg/kg)	有效磷 (mg/kg)	速效钾 (mg/kg)	有效铁 (mg/kg)	有效锰 (mg/kg)	有效铜 (mg/kg)	有效锌 (mg/kg)
拉古经济区	赵家村	5.60	22.21	111.02	36.47	83.37	45.90	27.26	1.49	1.87
	小计	5.59	22.46	116.24	33.78	99.41	50.77	25.64	1.50	1.71
	簸箕村	5.56	22.57	134.20	16.69	62.50	47.48	38.61	1.95	1.80
	关家村	5.65	22.73	131.80	20.49	65.42	49.74	40.16	2.65	1.50
	金家村	5.61	21.92	130.85	19.48	67.90	48.09	46.47	2.60	1.68
兰山乡	兰山村	5.51	22.46	132.58	17.67	57.59	48.46	42.92	2.31	1.67
	台沟村	5.45	20.14	122.39	18.87	64.77	59.61	44.43	2.03	1.54
	五咪村	5.62	21.79	127.88	19.38	66.35	45.63	46.69	2.52	1.61
	紫花村	5.57	21.32	127.93	21.14	65.27	49.84	37.24	1.83	1.57
	小计	5.56	21.71	129.09	18.93	64.02	50.13	43.12	2.26	1.63
碾盘乡	东洲村	6.00	23.64	120.46	37.12	74.93	94.60	31.76	2.86	1.53
	关口村	5.76	23.37	124.99	30.25	67.74	57.47	42.85	2.36	1.67

（续）

乡镇名称	村名称	pH	有机质 (g/kg)	碱解氮 (mg/kg)	有效磷 (mg/kg)	速效钾 (mg/kg)	有效铁 (mg/kg)	有效锰 (mg/kg)	有效铜 (mg/kg)	有效锌 (mg/kg)
	甲邦村	5.84	24.35	112.44	31.03	66.61	116.93	25.86	3.02	1.84
	龙凤村	5.75	24.26	121.52	33.42	70.13	68.92	35.49	2.87	1.71
	萝卜牧村	5.70	21.21	135.50	35.44	72.38	46.18	41.16	2.65	1.18
	碾盘 2 村	5.61	23.05	129.19	34.38	67.77	61.38	40.55	2.94	1.60
	碾盘村	5.71	19.89	129.36	45.53	63.18	55.01	42.21	2.47	1.39
碾盘乡	平山村	5.58	18.26	133.51	45.00	66.77	48.12	40.54	2.49	1.31
	石富村	6.03	24.58	130.33	49.51	75.27	77.76	34.54	2.49	1.70
	武嘉村	6.06	22.91	118.24	43.93	76.20	96.01	29.93	2.70	1.69
	新龙村	5.89	24.04	121.40	36.52	65.57	97.11	22.20	2.46	2.39
	新农村	5.60	22.10	118.91	17.53	62.47	45.68	47.59	2.57	1.45
	新太河村	6.09	23.67	120.55	43.24	85.45	94.22	29.97	2.23	1.74
	营城子村	5.88	24.98	128.58	33.50	70.93	69.60	39.35	2.64	1.63

（续）

乡镇名称	村名称	pH	有机质 (g/kg)	碱解氮 (mg/kg)	有效磷 (mg/kg)	速效钾 (mg/kg)	有效铁 (mg/kg)	有效锰 (mg/kg)	有效铜 (mg/kg)	有效锌 (mg/kg)
碾盘乡	元龙村	5.68	23.99	126.99	27.40	65.74	56.69	41.65	2.85	1.60
	员工村	5.69	22.79	126.56	43.91	65.24	68.77	35.19	2.68	1.72
	张甸2村	5.62	21.00	126.25	31.17	62.71	57.03	41.14	2.77	1.33
	张甸村	5.65	21.89	127.78	24.48	70.00	47.06	42.81	2.64	1.54
	张鲜村	5.66	23.02	125.02	28.99	66.30	56.20	39.63	2.95	1.60
	小计	5.75	22.15	126.35	37.15	68.44	64.86	38.30	2.60	1.56
千金乡	丁家村	6.06	19.10	127.07	79.18	62.61	68.17	33.44	2.00	1.68
	高家村	6.06	18.52	125.16	80.11	58.33	63.37	35.69	2.25	1.70
	后邓村	6.12	19.49	124.88	84.33	64.56	64.96	32.81	1.90	1.55
	荒地村	6.12	23.21	136.05	77.98	68.38	78.79	24.59	2.11	1.93
	郎土村	5.89	21.28	128.32	81.19	63.52	74.50	32.77	2.26	1.69
	路家村	6.00	21.59	134.60	76.75	62.30	77.98	28.68	2.29	1.59

（续）

乡镇名称	村名称	pH	有机质 (g/kg)	碱解氮 (mg/kg)	有效磷 (mg/kg)	速效钾 (mg/kg)	有效铁 (mg/kg)	有效锰 (mg/kg)	有效铜 (mg/kg)	有效锌 (mg/kg)
	南花元村	6.18	24.59	135.59	69.39	71.57	74.23	24.25	1.90	2.11
	千金村	5.93	20.39	130.98	72.51	63.00	80.23	30.66	2.12	1.58
	前邓2村	6.02	20.27	130.87	77.68	68.14	62.88	31.63	2.08	1.61
千金乡	前邓村	5.95	19.72	126.97	81.37	67.63	61.98	32.87	2.21	1.65
	唐力村	5.85	19.36	134.77	77.46	69.36	60.53	35.22	2.26	1.62
	英德村	6.13	19.89	128.12	77.54	57.62	71.43	32.68	2.14	1.59
	小计	6.02	20.39	130.53	77.84	64.76	69.38	31.66	2.13	1.68
	鲍家村	6.04	23.19	107.13	21.06	77.14	126.44	22.43	2.64	2.03
	大道村	6.06	24.12	111.59	23.10	70.05	105.58	19.68	3.03	2.85
前甸镇	大柳村	5.62	23.46	121.17	45.37	77.74	78.45	23.96	2.46	2.52
	大门进村	5.70	23.65	135.03	33.30	71.44	87.43	24.94	2.12	2.14
	二道村	5.99	21.09	104.94	37.86	83.40	113.70	20.10	2.22	1.86

（续）

乡镇名称	村名称	pH	有机质 (g/kg)	碱解氮 (mg/kg)	有效磷 (mg/kg)	速效钾 (mg/kg)	有效铁 (mg/kg)	有效锰 (mg/kg)	有效铜 (mg/kg)	有效锌 (mg/kg)
前甸镇	关岭村	5.94	24.35	120.77	31.75	83.20	121.89	21.38	2.77	1.58
	靠山村	6.04	24.40	114.15	33.10	73.80	116.80	24.21	3.04	2.34
	李其村	5.70	23.36	131.28	34.63	64.03	106.60	29.16	2.59	1.80
	前甸村	6.22	23.44	119.40	21.24	55.87	129.55	30.41	3.12	2.54
	三家村	5.23	23.11	129.20	33.43	75.46	74.16	21.91	1.60	2.41
	上头村	5.32	22.20	114.13	32.15	72.47	96.20	24.10	2.19	1.95
	台山村	5.93	21.95	110.39	28.26	68.02	118.95	18.29	2.58	1.51
	詹家村	5.90	21.71	103.86	33.98	84.91	126.49	24.98	2.57	1.72
	中二村	5.18	23.12	120.82	31.51	70.86	81.24	23.29	1.69	2.26
	小计	5.52	23.04	121.38	33.16	72.82	93.47	23.62	2.16	2.16
沈东经济区	北厚村	5.94	21.86	109.61	30.25	86.69	94.25	19.16	2.11	2.92
	大南汉鲜村	5.81	21.29	118.42	47.89	83.70	58.79	21.02	1.86	3.06

（续）

乡镇名称	村名称	pH	有机质 (g/kg)	碱解氮 (mg/kg)	有效磷 (mg/kg)	速效钾 (mg/kg)	有效铁 (mg/kg)	有效锰 (mg/kg)	有效铜 (mg/kg)	有效锌 (mg/kg)
沈东经济区	大瓦鲜汉村	5.72	20.07	131.52	49.66	85.13	52.45	22.84	1.78	3.18
	高湾一分场	5.83	21.22	108.83	29.18	86.19	84.50	22.03	2.01	3.20
	河东村	5.72	21.84	118.32	37.33	90.23	69.91	22.27	2.00	2.85
	青台子村	5.78	22.92	115.72	33.38	95.62	51.14	21.48	2.06	2.57
	三宝鲜汉村	5.81	21.65	112.79	27.83	92.32	88.21	25.36	2.15	2.99
	四家子村	6.01	21.18	118.69	41.27	84.57	45.90	18.99	1.88	3.25
	田屯村	5.74	21.71	117.39	34.34	86.36	59.78	21.12	2.00	2.74
	西三家村	5.90	21.82	116.70	40.58	85.30	52.45	20.43	1.81	3.07
	小瓦鲜汉村	5.88	21.66	126.50	38.90	87.98	54.86	27.35	1.79	3.09
	小计	5.83	21.47	119.30	38.88	86.89	58.36	21.71	1.92	2.99
塔峪镇	程家村	6.19	24.61	136.27	63.05	66.07	70.75	25.05	1.83	2.15
	大甸村	5.85	23.60	126.65	40.29	68.80	54.33	26.44	1.78	1.81

（续）

乡镇名称	村名称	pH	有机质 (g/kg)	碱解氮 (mg/kg)	有效磷 (mg/kg)	速效钾 (mg/kg)	有效铁 (mg/kg)	有效锰 (mg/kg)	有效铜 (mg/kg)	有效锌 (mg/kg)
	和平村	6.17	24.24	136.73	58.39	64.24	69.14	25.31	2.08	2.19
	后二道村	6.14	24.71	141.38	38.95	63.55	64.80	28.05	2.26	1.88
	后孤家子村	5.94	20.92	131.45	55.54	57.23	62.18	31.33	2.07	1.54
	前二道村	6.10	21.83	134.96	54.17	58.94	64.55	32.03	2.26	1.70
	前孤家子村	5.80	22.59	132.28	48.20	55.14	58.75	30.98	1.96	1.48
	山城子村	5.90	24.24	135.64	44.09	68.53	56.67	30.44	1.93	1.69
塔峪镇	塔峪朝鲜族村	6.16	21.42	120.49	47.69	60.09	66.81	23.41	1.73	2.03
	塔峪村	6.10	23.02	129.30	41.10	61.68	64.31	24.22	1.87	2.14
	汪良村	6.09	22.27	121.30	57.93	71.65	69.55	23.11	1.73	2.02
	五老村	6.19	24.51	131.88	67.73	74.89	72.22	25.65	1.87	1.96
	肖家沟村	5.80	21.45	131.22	60.57	60.06	62.16	31.68	2.03	1.67
	小泗村	5.65	21.25	107.92	43.68	64.37	52.59	26.97	1.75	1.65

（续）

乡镇名称	村名称	pH	有机质 (g/kg)	碱解氮 (mg/kg)	有效磷 (mg/kg)	速效钾 (mg/kg)	有效铁 (mg/kg)	有效锰 (mg/kg)	有效铜 (mg/kg)	有效锌 (mg/kg)
塔峪镇	英家村	5.94	21.87	118.17	42.27	58.23	59.69	23.97	1.69	2.10
	小计	5.97	22.73	128.64	49.88	63.30	61.85	27.85	1.95	1.82
演武街道	武道村	5.85	19.43	108.47	52.44	72.00	61.32	23.40	1.81	1.97
	小演武村	5.93	20.68	116.26	45.66	80.63	64.08	23.97	1.66	2.15
	演武村	5.81	22.00	119.46	40.60	89.67	67.20	24.15	1.68	2.16
	小计	5.87	20.45	113.59	47.44	78.98	63.61	23.76	1.73	2.07
榆林街道	万新村	5.93	22.87	107.50	31.82	69.16	108.24	20.74	2.43	2.53
	榆林村	5.99	21.95	105.69	40.06	76.00	113.30	23.78	2.54	2.21
	小计	5.95	22.58	106.94	34.40	71.30	109.82	21.69	2.47	2.43
章党经济区	二伙洛村	5.91	19.43	116.75	18.86	78.10	79.70	25.80	2.95	2.85
	高丽村	5.69	22.55	125.96	22.27	91.25	58.09	26.91	2.04	2.65
	黄金村	5.37	25.38	131.70	29.74	66.27	75.09	19.62	1.59	2.66

（续）

乡镇名称	村名称	pH	有机质 (g/kg)	碱解氮 (mg/kg)	有效磷 (mg/kg)	速效钾 (mg/kg)	有效铁 (mg/kg)	有效锰 (mg/kg)	有效铜 (mg/kg)	有效锌 (mg/kg)
	邱家街村	5.80	24.53	130.69	31.60	80.56	85.35	21.02	1.93	2.22
	上双村	5.99	23.74	124.44	30.45	80.37	69.11	21.28	1.71	2.00
	上鲜村	5.97	23.23	122.10	27.61	85.20	85.06	18.90	1.70	1.89
	石门岭村	5.79	23.08	117.62	33.79	79.47	50.18	25.68	1.89	2.34
	连子伙洛村	6.10	21.98	110.71	27.51	88.15	52.31	19.91	2.12	3.22
章党经济区	万金屯村	5.95	23.43	112.07	29.57	90.81	72.92	27.11	1.80	2.22
	驿马村	5.31	21.49	127.33	29.04	63.71	64.68	29.18	2.06	2.22
	营盘村	5.37	20.97	126.08	31.14	67.07	60.90	29.37	1.87	2.25
	榆树村	5.59	20.22	120.53	27.20	77.56	56.79	27.16	1.77	2.33
	章党汉族村	5.94	23.57	120.24	27.31	82.48	106.45	20.25	2.12	1.92
	小计	5.67	22.87	124.71	27.67	78.03	67.93	24.06	1.94	2.47

全国农业技术推广服务中心．土壤分析技术规范［M］．2 版．北京：中国
　　农业出版社，2006.

张炳宁，彭世琪，张月平．县域耕地资源管理信息系统数据字典［M］.
　　北京：中国农业出版社，2008.

田有国，辛景树，栗铁申．耕地地力评价指南［M］．北京：中国农业科
　　学技术出版社，2006.

孙继光，汪景宽．Mapinfo 在土壤资源信息管理中的应用［M］．哈尔滨：
　　哈尔滨地图出版社，2007.

王桂红，孙继光，吴瑾．基于 GIS 的土壤资源管理信息系统的设计［J］.
　　信息技术，2006（4）：32－34.

图书在版编目（CIP）数据

抚顺市（五区）耕地地力评价 / 曾范敞主编 . —北京：中国农业出版社，2016.5
ISBN 978-7-109-21575-7

Ⅰ.①抚…　Ⅱ.①曾…　Ⅲ.①耕作土壤－土壤肥力－土壤调查－抚顺市②耕作土壤－土壤评价－抚顺市　Ⅳ.①S159.231.3②S158

中国版本图书馆 CIP 数据核字（2016）第 073302 号

中国农业出版社出版
（北京市朝阳区麦子店街 18 号楼）
（邮政编码 100125）
责任编辑　刘明昌

北京印刷一厂印刷　新华书店北京发行所发行
2016 年 5 月第 1 版　2016 年 5 月北京第 1 次印刷

开本：850mm×1168mm　1/32　印张：6.625
字数：150 千字
定价：30.00 元
（凡本版图书出现印刷、装订错误，请向出版社发行部调换）